国家示范性中等职业学校精品规划教材

数控铣床/加工中心
编程与加工

毛明清　主编

天津大学出版社

TIANJIN UNIVERSITY PRESS

内 容 简 介

本书主要包括数控铣床的基本操作、基本编程指令、固定循环指令、自动编程四个部分。在教学中突出学生技能培养，以强技能、厚基础为教学目标，突出使用性和可操作性，以实践技能为核心，注重培养学生的职业实践能力和职业素养。

图书在版编目（CIP）数据

数控铣床/加工中心编程与加工/毛明清主编. —天津：天津大学出版社.2014.12
国家示范性中等职业学校精品规划教材
ISBN 978 - 7 - 5618 - 5232 - 3

Ⅰ.①数… Ⅱ.①毛… Ⅲ.①数控机床 - 铣床 - 程序设计 - 中等专业学校 - 教材 ②数控机床加工中心 - 程序设计 - 中等专业学校 - 教材 ③数控机床 - 铣床 - 加工工艺 - 中等专业学校 - 教材 ④数控机床加工中心 - 加工工艺 - 中等专业学校 - 教材 Ⅳ.①TG547 ②TG659

中国版本图书馆 CIP 数据核字（2014）第 307999 号

出 版 发 行	天津大学出版社	
出 版 人	杨欢	
地 址	天津市卫津路 92 号天津大学内（邮编：300072）	
电 话	发行部：022-27403647	
网 址	publish. tju. edu. cn	
印 刷	北京京华虎彩印刷有限公司	
经 销	全国各地新华书店	
开 本	185mm×260mm	
印 张	12	
字 数	300 千	
版 次	2015 年 1 月第 1 版	
印 次	2015 年 1 月第 1 次	
定 价	26.00 元	

编审委员会

前言

　　本书是根据我国当前职业教育教学改革和发展的需要，按照中等职业学校数控技术应用专业教学大纲的要求，以初、中、高级数控车工职业资格培训鉴定课题为模块，针对数控操作技能强化训练特点编写的。本书在教学中突出学生技能培养，以强技能、厚基础为教学目标，突出使用性和可操作性，以实践技能为核心，注重培养学生的职业实践能力和职业素养。在内容上力求准确、层次清晰、通俗易懂、讲求实用，使学生在专业学习中少走弯路，培养学生对数控技术浓厚的学习兴趣。

　　本书的主要内容包括数控铣床的基本操作、基本编程指令、固定循环指令、自动编程四个部分。

　　在本书编写过程中，参考了大量的数控专业培训教材及部分专业工具书，限于编者的水平有限，书中疏漏和欠妥之处，还望读者给以批评指正。

目　　录

目 录

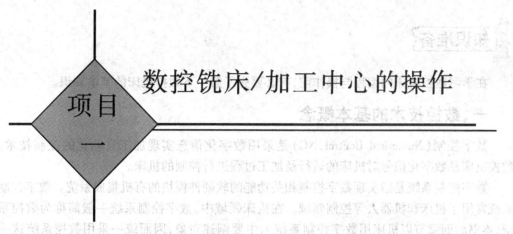

项目 一 数控铣床/加工中心的操作

本项目明确了学习数控铣床/加工中心应该掌握的数控铣削技术的基本知识和相关概念。通过本项目的学习,可以了解数控铣床/加工中心的基本加工过程、操作规范和机床的基本操作技能等相关知识。

学习目标

◇了解数控铣床/加工中心的结构组成、功能特点及应用。
◇熟悉数控铣床/加工中心的操作规程。
◇掌握 FANUC 系统控制面板各功能键的功用。
◇掌握数控铣床/加工中心的对刀及参数设定方法。
◇掌握数控铣床/加工中心的自动运行与常用运行模式。

任务一 认识数控机床

任务描述

通过本任务的学习了解数控机床的组成、工作原理和分类,并熟悉数控铣床/加工中心的操作规程。

技能目标

• 掌握数控机床的组成、工作原理、分类及加工范围。
• 了解数控机床的发展趋势。
• 掌握数控铣床/加工中心的操作规程。

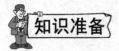

在学习数控机床的编程与操作前,有必要先了解一下数控机床的基本知识。

一、数控技术的基本概念

数字控制(Numerical Control,NC)是采用数字化信息实现加工自动化的控制技术。数控机床是数字化信号对机床的运行及加工过程进行控制的机床。

数字控制系统是指实现数字控制相关功能的软硬件模块的有机集成系统。数字控制系统常用于机床和机器人等控制领域。在机床领域中,数字控制系统一般简称为数控系统,本书后面章节以机床用数字控制系统为主要阐述对象,因而统一采用数控系统这一术语。

数控系统是数控机床的"大脑",所有的控制命令都是由数控系统发出的,机床的各个执行部件在数控系统的统一指挥下,有条不紊地工作,自动地按给定程序进行机械零件的加工。数控系统随着电子技术的发展而发展,先后经历了电子管、晶体管、集成电路、小型计算机、微处理器及基于工控 PC 机的通用型系统六代。其中,前三代称为硬线连接数控系统,简称 NC 系统,目前已被淘汰;后三代称为软件数控系统,也称为计算机数字控制(Computer Numerical Control,CNC)系统。由于微电子技术的迅速发展,目前广泛应用的是采用微处理器的数控系统,简称 MNC 系统,但习惯上仍将其称为 CNC 系统。

总之,数控机床是数字控制技术与机床相结合的产物,从狭义的方面看,数控一词就是"数控机床"的代名词;从广义的范畴看,数控技术本身在其他行业中也有着广泛的应用,称为广义数字控制。数控机床就是将加工过程中所需要的各种机床动作,用数字化的加工代码来进行描述,并通过手动输入装置、程序介质或计算机网络将信息输入数控系统;数控系统对输入的信息进行译码、编译等信息处理过程,并通过插补功能模块和位置控制模块控制机床的伺服系统或其他执行元件,使机床加工出所需要的工件,其过程如图1-1 所示。

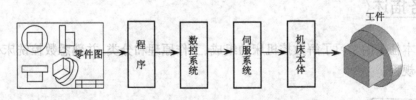

图 1-1　数控机床的加工过程

二、数控机床的组成

数控机床的种类繁多、结构各异,但各种数控机床的功能组成(图1-2)是相同的。数控机床从功能结构上看,一般由数控系统、伺服系统、测量装置、辅助装置、强电控制柜和机床本体等部分组成。

1. 数控系统

数控系统是机床实现自动控制加工的核心,它主要由输入/输出装置、操作装置、计算

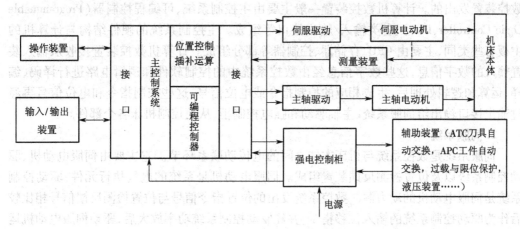

图1-2 数控机床的组成

机数控装置等组成。

1)输入/输出装置

数控机床在进行加工前,需要将存储介质上记载的零件加工程序,通过输入装置输入到数控系统中,然后才能根据输入的加工程序控制机床加工运行,从而加工出所需的零件。同时数控系统也需要通过输出装置将暂时不用的零件加工程序存储到外部存储介质上,或者是将常用的零件加工程序在外部存储介质上进行备份。

早期的数控机床常用穿孔纸带、磁带等存储介质,现代数控机床常用磁盘或半导体存储器等存储介质。此外,现代数控机床还可以不用存储介质,而直接由操作人员通过手动数据输入(Manual Date Input,MDI)键盘输入零件程序,或采用计算机通信技术进行零件程序的输入/输出,后者是实现计算机辅助设计(Computer Aided Design,CAD)/计算机辅助制造(Computer Aided Manufacturing,CAM)集成、柔性制造系统(Flexible Manufacture System,FMS)和计算机集成系统(Computer Integrated Manufacturing Systems,CIMS)的基本技术。

输入/输出装置是机床与外部设备的接口,目前常用的输入/输出装置主要有纸带阅读机、磁盘驱动器、RS232C串行通信接口、MDI装置、网卡和读卡器等。

2)操作装置

操作装置是数控系统提供给机床操作者控制机床运转的平台,也是机床操作者与数控系统进行信息交流的平台。一方面,机床操作者可以通过操作装置对数控机床进行操作、编程、程序调试以及对机床参数进行设定和修改;另一方面,操作者还可以通过操作装置了解或查询数控机床的运行状态。操作装置主要由显示装置、NC键盘、机床控制面板(Machine Control Panel,MCP)、状态灯和手持单元等部分组成。机床控制面板集中了数控系统中的所有控制按钮,这些按钮用于控制机床的动作或加工过程,如程序启动、主轴旋转、坐标轴手动进给、切削液开关等。手持单元一般由手摇脉冲发生器和坐标轴选择旋钮组成,主要作用是方便用户调整机床坐标轴位置或采用手摇脉冲进给方式进行手动切削加工。

3)计算机数控装置

计算机数控装置是整个数控系统的核心。数控机床中的所有控制命令都是由计算机数控装置发出的。计算机数控装置一般主要由主控制系统、可编程控制器（Programmable Logic Controller, PLC）、各类输入/输出接口等组成。主控制系统的硬件结构与计算机的主板有些类同，主要由 CPU、存储器、控制器等部分组成。计算机数控装置接收从输入装置输入的数字信息，这些数字信息经由数控系统中的控制软件和逻辑电路进行译码、编译、运算和逻辑处理后，生成相应的控制指令或电位信号，这些控制指令和电位信号再经过输出接口输出给伺服系统、主轴驱动和强电控制柜，从而控制机床各个部件。

2. 伺服系统

伺服系统是数控系统与机床本体之间的电传动联系环节。它主要由伺服电动机、驱动控制系统以及位置检测反馈装置组成。伺服电动机是系统的电气执行元件，驱动控制系统是伺服电动机的动力源。数控系统发出的位置指令信号与位置检测反馈信号相比较后作为驱动控制系统的输入位移指令，并经驱动控制系统功率放大后，驱动伺服电动机运转，伺服电动机通过联轴器带动机械传动装置拖动工作台或刀架运动。

3. 测量装置

测量装置（也称检测装置、反馈装置）主要用于对机床坐标轴位置和移动速度的测量，将机床坐标轴的实际运动速度、方向、位移量以及加工负荷加以检测，把检测结果转化为电信号反馈给数控装置，通过比较，计算出实际位置与指令位置之间的偏差，然后发出纠正误差指令。测量装置通常安装在机床的工作台、丝杠或伺服电机的端部，并根据测量装置在机床中的安装位置将数控机床按控制方式分为闭环控制系统和半闭环控制系统。

4. 辅助装置

辅助装置主要包括自动换刀装置（Automatic Tool Changer, ATC）、自动交换工作台机构（Automatic Pallet Changer, APC）、零件夹紧放松机构、回转工作台、液压控制系统、润滑装置、切削液装置、排屑装置、过载和保护装置等。现代数控机床采用可编程控制器与控制装置共同完成对数控机床辅助装置的控制。

5. 强电控制柜

强电控制柜主要用来安装机床强电控制的各种元器件。它除了为数控、伺服等弱电控制系统提供输入电源并实现各种短路、过载、欠压等电气保护外，主要是在 PLC 输出接口与机床各类辅助装置的电气执行元件之间起连接桥梁作用，控制机床辅助装置的各种交流电动机、液压系统电磁阀或电磁离合器等。此外，它也与机床操作台相关手动按钮连接。强电控制柜由各种中间继电器、接触器、变压器、电源开关、接线端子和各类电气保护元件等构成。

6. 机床本体

机床本体指的是数控机床机械结构实体，是数控系统的控制对象，是实现制造加工的执行部件。相对于传统的普通机床而言，数控机床同样具有主传动机构、进给传动机构、工作台、床身以及立柱等部分。但数控机床又有其自身的特点，它在整体布局、外观造型、传动机构、刀具系统及操作机构等方面都发生了很大的变化。这种变化的目的是为了满足数控技术的内在要求和充分发挥数控机床的加工精度高、生产效率高等特点，归纳起来有以下几点。

（1）进给传动采用高效传动部件。使机床具有机械传动链短、结构简单、传动精度高等特点，一般采用滚珠丝杠副、直线滚动导轨副等部件。

（2）使用高性能主传动及主轴部件。使机床具有传递功率大、刚度高、抗震性好及热变形性小等优点。

（3）床身结构具有很高的动、静刚度。

（4）采用全封闭罩壳。由于数控机床是高度自动化的加工设备，为了操作者的人身安全，一般采用移动门结构的全封闭罩壳，对机床的加工部位进行全封闭。

三、数控机床的分类

数控机床的种类繁多，其分类方法也很多。根据数控机床的功能和结构，一般可按下列四种原则来进行分类。

1. 按工艺用途分类

1）切削加工类

切削加工类数控机床是指通过工件的材料剥离过程得到所需零件的数控机床。它又可以被分为以下两类。

Ⅰ. 普通数控机床

最常见的普通数控机床有数控车床、数控钻床、数控铣床、数控镗床、数控磨床、数控齿轮加工机床等。这类数控机床的特点与传统机床相似，但又有其自身的特点，如具有很高的加工精度，较高的生产率和自动化程度，适合于加工单件、小批量和复杂形状的零件。这类机床都不配备刀具库，只能实现一道工序的自动化加工，不能实现工序集中。

Ⅱ. 加工中心

加工中心与普通数控机床的本质区别就在于加工中心配备了具有自动换刀机构的刀具库。工件在一次装夹后，根据不同的工序加工需求可以自动更换各种刀具，在同一台机床上对工件各加工面连续进行铣、镗、钻、铰、攻螺纹等多道工序的加工，特别适合箱体类零件的加工。常见的加工中心主要有镗铣类加工中心、车削中心、钻削中心等。

2）成形加工类

成形加工类数控机床是指通过挤、冲、拉、压等物理的方法来改变工件形状而得到所需零件的数控机床，如数控压力机、数控折弯机、数控弯管机、数控旋压机等。

3）特种加工类

特种加工类数控机床是指利用特种加工技术加工出所需零件的数控机床，如数控电火花切割机、数控电火花成形机、数控火焰切割机、数控激光加工机等。

4）其他类型

一些广义上的数控装备，如三坐标测量仪、数控对刀仪、数控绘图仪、数控装配机、机器人等。

2. 按控制方式分类

数控机床按照对被控量有无检测反馈装置可分为开环控制系统和闭环控制系统两种。在闭环控制系统中，根据测量反馈装置的安装位置不同，又可分为全闭环控制系统和半闭环控制系统两种。

1）开环控制数控机床

开环控制数控机床的特点是不带检测反馈装置。这类数控机床的驱动元件只能采用功率型步进电动机，该类电动机的主要特征是控制电路每发出一个单位脉冲信号，电动机就转动一个步距角,并且电动机本身具有自锁能力。图1-3所示是典型的开环控制系统。数控系统输出的进给指令信号通过环形分配器来控制驱动电路,输出一定频率和数量的脉冲,这些脉冲信号不断改变步进电动机各相绕组的供电状态,使相应坐标轴的步进电动机转过相应的角位移,再经过机械传动链带动滚珠丝杠转动,从而使运动部件产生直线位移运动。运动部件的速度和位移量由输入脉冲的频率和脉冲数决定,而改变步进电动机各相绕组的脉冲分配顺序则可以改变运动部件的运动方向。由图1-3可见,指令信息单方向传送,并且指令发出后不再反馈,故称开环控制。

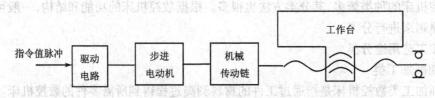

图1-3　开环控制系统框图

开环控制系统发出的位移指令信号流是单向的,所以不存在稳定性问题。但是这种控制系统由于没有检测装置,也就没有纠正偏差的能力,因而它的控制精度较低;同时步进电动机的输出转矩有限,难以实现大功率切削;当输入较高的脉冲频率时,容易产生失步,难以实现运动部件的高速运动控制。尽管开环控制系统有很多弊端,但由于其结构简单、调试方便、维修容易、造价低廉等优点,现仍被广泛应用于经济型数控机床及旧机床的数控化改造上。尤其是由于近年来步进电动机细分技术的发展,出现了专用的细分功率驱动模块,步进电动机在低转矩、高精度、中等速度的小型设备的驱动控制中得到了广泛应用,特别是在微电子生产设备中充分发挥了它的独特优势。

2)闭环控制数控机床

这类机床的进给伺服驱动是按闭环反馈控制方式工作的,其驱动电动机可采用直流或交流两种伺服电动机,并需同时配有速度反馈和位置反馈。与开环数控系统不同的是,闭环数控系统在加工时随时检测移动部件的实际位移量,并及时反馈给数控系统中的比较器,它将反馈量与插补运算所得的指令信号进行比较,其差值又作为伺服驱动的控制信号,进而驱动位移部件运动以消除位移误差。

根据测量反馈装置的安装部位不同,它又分为半闭环和全闭环两种控制方式。

Ⅰ.半闭环控制

半闭环控制系统如图1-4所示。半闭环控制系统是在伺服电动机轴上装有角位移检测装置(如光电编码器),通过检测伺服电动机或丝杠的转角,来间接地检测出运动部件的位移量,并将位移量反馈给数控系统中的位置比较电路,与CNC插补指令进行比较,用比较的差值控制运动部件。随着脉冲编码器的迅速发展和性能的不断完善,角位移检测装置能方便地直接与直流或交流伺服电动机同轴安装。高分辨率脉冲编码器的诞生,更是为半闭环控制系统提供了一种高性价比的配置方案。由于惯性较大的机床运动部件不包括在闭环之内,控制系统的调试非常方便,并具有良好的系统稳定性,甚至可以将脉冲编码器与伺服电动机设计成一个整体,使系统变得更加紧凑。由于大部分机械传动环节未包括在系统闭环环路内,丝杠等机械传动误差不能通过反馈来随时校正,但是可采用软件定值补偿的方法来适当提高其精度。而且目前广泛使用的滚珠丝杠螺母机构具有很好的精度和精度保持性,还具有可靠的消除反向运动间隙的结构,完全可以满足绝大多数数控机床用户的需要。

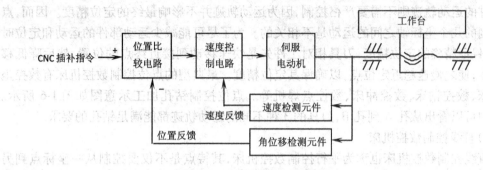

图1-4 半闭环控制系统框图

半闭环控制数控机床的精度虽然比闭环数控机床差,但较开环数控机床好得多。其稳定性虽然不如开环数控机床,但好于闭环数控机床。

半闭环控制由于具有结构简单、调试方便、稳定性好、精度也较高等优点,在现代数控机床的控制方式中被广泛采用。

Ⅱ.全闭环控制

全闭环控制系统如图1-5所示,其位置反馈采用直线位移检测元件,安装在机床床鞍部位上,将直接检测到的机床坐标轴的直线位移量反馈到数控装置的位置比较电路中与CNC插补指令位移量进行比较,用差值控制运动部件,使运动部件严格按实际需要的位移量运动,直到差值消除。全闭环控制的主要优点是将机械传动链的全部环节都包括在闭环内,因而从理论上说,全闭环控制系统的运动精度主要取决于检测装置的精度,而与机械传动链的误差无关,其控制精度超过半闭环系统,为高精度数控机床提供了技术保障。然而从另一个角度来看,由于在整个控制环内,许多机械传动环节的摩擦特性、刚性和间隙都是非线性的,故很容易造成系统的不稳定,使闭环系统的设计、安装和调试都相当困难。因而,这类数控机床对其组成环节的精度、刚性和动态特性等都有较高的要求,价格昂贵,主要用于精度要求很高的数控坐标镗床、数控精密磨床、超精车床和较大型的数控机床等。

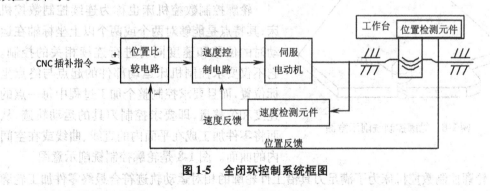

图1-5 全闭环控制系统框图

3.按控制的运动轨迹分类

1)点位控制数控机床

点位控制数控机床的特点是刀具或工件在到达指定位置后才开始切削加工,加工完后刀具相对工件从一个位置移动到另一个位置再进行加工,依次循环往复。由于在运动和定位过程中并不进行切削加工,数控系统只需要控制行程的起点和终点的坐标值,而运动部件的运动轨迹则不需要严格控制,因为运动轨迹并不影响最终的定位精度。因而,点位控制的几个坐标轴之间的运动是不相关的。为了尽可能减少运动部件的运动和定位时间,并保证精确的定位精度,刀具相对工件先是快速移动到接近终点的位置,然后降低移动速度,使之慢速趋近定位点,以确保其定位精度。最典型的点位控制数控机床有数控坐标镗床、数控钻床、数控冲床、数控点焊机等。点位控制钻孔加工示意图如图 1-6 所示。从图中可以看出从孔 A 到孔 B,刀具的 3 种不同的运动轨迹都能满足钻孔的要求。

2)直线控制数控机床

直线控制数控机床也称为平行控制数控机床,其特点是不仅要控制从一坐标点到另一坐标点的精确定位,还要控制两相关点之间的移动速度和轨迹。其运动轨迹是平行于机床各坐标轴的直线,也就是说同时控制的坐标轴只有一个(即数控系统可以不具有插补运算功能),在移动的过程中刀具以指定的进给速度进行切削,一般只能加工矩形、台阶轴等零件。这类数控机床主要有经济型数控车床、简易数控铣床、数控磨床等,其相应的数控装置被称为直线控制数控系统。直线控制切削示意图如图 1-7 所示。

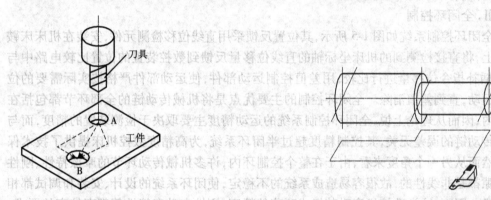

图1-6 点位控制钻孔加工示意图　　　　图1-7 直线控制切削示意图

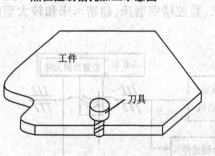

图1-8 轮廓控制铣削示意图

3)轮廓控制数控机床

轮廓控制数控机床也称为连续控制数控机床,其特点是能够对两个或两个以上坐标轴在运动时的位移和速度同时进行连续相关的控制。它不仅要求控制机床运动部件的起点与终点坐标位置,而且要求控制整个加工过程中每一点的速度和位移量,即要求控制刀具的运动轨迹,从而将零件加工成在平面内的直线、曲线或在空间内的曲面。图 1-8 是轮廓控制铣削示意图。

轮廓控制数控机床为了满足刀具沿工件轮廓的相对运动轨迹符合最终零件加工轮廓的要求,必须将各坐标运动的位移控制和速度控制按照规定的比例关系精确地协调起来。故在这类控制方式中,要求数控系统必须具有插补运算的功能,即根据程序输入的基本数据(如直线的终点坐标、圆弧的终点坐标和圆心相对于圆弧起点的矢量坐标),通过数控系统内插补运算器的数学运算,用离散化的方式把直线或圆弧的形状描述出来。在加工时,一边运算,一边根据计算结果向各坐标轴控制器分配脉冲,从而控制由各坐标轴所形成的复合运动能够满足零件加工轮廓的要求。在运动过程中,刀具对工件表面连续进行切削,可以进行各种斜线、圆弧、曲线的加工。

轮廓控制数控机床的结构比较复杂。这类数控机床主要有数控铣床、数控车床、数控缓进给成形磨床、加工中心、数控线切割机等,其相应的数控装置称为轮廓控制数控系统。它按所控制的联动坐标轴数不同,又可分为下面几种主要形式。

(1)2轴联动数控机床。其主要用于加工曲线旋转面的数控车床或加工曲线柱面的数控铣床等。

(2)3轴联动数控机床。其常用于数控铣床、加工中心等。

(3)4轴联动数控机床。其常用于加工空间曲面的数控铣床、加工中心等。

(4)5轴联动数控机床。其常用于高效、高精度加工空间曲面的数控铣床、加工中心等,是功能最全、控制最复杂的一类数控机床。例如用端铣刀替代球头铣刀加工空间曲面轮廓时,要求刀具轴线与工件轮廓的法线平行或成某一夹角;在加工某些特殊空间曲面(如船用螺旋桨)时,为了避免刀具与工件发生干涉,要求刀具在加工时能够绕开与工件发生干涉的位置,这时就需要控制5个坐标轴(3个直线轴、2个旋转轴)联动,才能够实现如此复杂的空间运动。

4. 按数控系统的功能水平分类

按数控系统的功能水平来分,方法主要有两种。一种是把数控机床分为高、中、低档数控机床。这种分类方式,在我国应用较为普遍。目前,高、中、低档数控机床的界限比较模糊,而且在不同时期它的划分标准也不尽相同,故按照功能水平分类的指标界限是相对的而非绝对的。表1-1列出了在目前发展水平下,高、中、低档数控系统功能水平的界定指标,仅供读者参考。

表1-1 高、中、低档数控系统功能水平指标

功　能	高　档	中　档	低　档
分辨率/μm	0.1	1	10
进给速度/(m/min)	15～100	15～24	8～15
伺服类型	闭环及直流、交流、数字伺服系统	半闭环及直流、交流伺服系统	开环及步进电机驱动系统
驱动轴数	5轴以上	2～4轴	2～3
通信功能	RS232、DNC、MAP、以太网	RS232或DNC	无
显示功能	CRT、液晶屏(三维图形、自诊断)	CRT(图形、人机对话)	数码管或简单的CRT
主CPU	32位、64位CPU	16位、32位CPU	8位、16位CPU
内装PLC	功能强劲的PLC	有	无

按数控系统功能分类的另一种分法是将数控机床分为经济型(简易)、全功能型(普及型)和精密型(高档)数控机床。全功能型并不追求过多功能,以实用为准,也称为标准型。精密型采用闭环控制,它不仅具有全功能型数控机床的全部功能,而且机械系统的动

态响应较快,适用于精密和超精密加工。经济型数控机床是指装备了功能简单、价格低、使用操作方便的低档数控系统的机床,主要用于车床、线切割机床及原有设备的数控化改造等。

四、数控铣床/加工中心的结构、类型和特点

1. 数控铣床

数控铣床是在机械加工中应用非常广泛的一类机床,图1-9为立式数控铣床的结构。数控铣床主要用于零件的轮廓铣削加工,也有同时兼具轮廓铣削功能和孔加工功能的镗铣数控机床,这种机床可以进行平面铣削、平面型腔铣削、外形轮廓铣削、三维及三维以上复杂型面铣削,还可进行钻削、镗削、螺纹切削等孔加工。加工中心、柔性制造单元等都是在数控铣床的基础上产生和发展起来的。

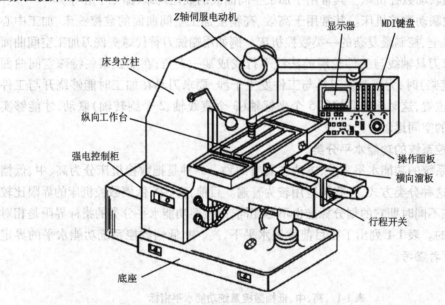

图1-9　立式数控铣床

数控铣床同传统的通用铣床一样,按主轴在空间所处状态,分为立式、卧式和立卧两用数控铣床。主轴在空间中处于垂直状态的,称为立式数控铣床;主轴在空间中处于水平状态的,称为卧式数控铣床;主轴可作垂直和水平状态转换的,称为立卧两用数控铣床。

数控铣床多为三坐标进给运动,即有3个沿导轨方向的直线进给运动,如左右、前后、上下方向,通常用X轴、Y轴和Z轴对这3个运动方向进行命名。

如若数控铣床在3个进给运动方向中,只有2个坐标运动方向可以进给联动,则称该机床为两轴半数控铣床。一般情况下,两轴半控制的数控铣床可以用来加工平面曲线的轮廓。

如若数控铣床在3个进给运动方向中,可以实现X、Y、Z3个坐标轴的联动加工,则称该机床为三轴联动数控铣床。三轴联动数控铣床可以加工空间曲面。

对于有特殊加工需求的数控铣床,还可以增加一个回转轴的运动,即增加一个数控回转工作台,这种机床被称为四轴联动数控铣床,四轴联动数控铣床可以用来加工螺旋槽、叶片等立体曲面零件。

2. 加工中心

加工中心(Machining Center, MC)是指配有刀具库和自动换刀装置,在一次装夹工件后可实现多道工序甚至全部工序加工的数控机床。世界上第一台加工中心是1958年由美国的卡尼-特雷克公司首先研制成功的,它是在卧式数控镗铣床的基础上增加了自动换刀装置,从而实现了工件一次装夹后即可进行铣削、钻削、镗削、铰削和攻丝等多种工序的集中加工。

目前,常见的加工中心主要有镗铣类加工中心(简称加工中心)和车削加工中心(简称车削中心)两大类。车削中心是在数控车床的基础上配以刀具库和自动换刀装置而构成的,分为立式和卧式两种。与普通数控车床相比,其加工工艺范围大大增加,具有回转面车削、铣槽、钻横孔等多种功能。镗铣类加工中心把铣削、镗削、钻削、螺纹加工等多项功能集中于一台设备上,在一次装夹过程中,可以完成多面多工序的加工。通常大家所说的加工中心就是指镗铣类加工中心,故本书也主要介绍镗铣类加工中心,在以后章节中,如果没有加以特别说明,文中所提到的"加工中心"即指镗铣类加工中心。

加工中心由于具有自动换刀功能和加工工序集中的特点,可以减少工件的装夹次数、尺寸测量和机床调整时间,使机床的切削时间达到机床开动时间的80%左右(普通机床仅为15%~20%),极大地提高了劳动生产率。加工中心是一种综合加工能力较强的设备,工件一次装夹后便可完成较多的加工内容,加工精度较高,如果批量加工中等加工难度的工件,其效率是普通加工设备的5~10倍。特别是它能完成许多普通设备所不能完成的加工任务,对形状较复杂、精度要求高的单件或中小批量加工极为适用。

加工中心配置了能存放相当数量刀具的刀具库和用于换刀的机械手,在加工过程中通过程序的控制可以实现刀具的自动选用与更换。这是加工中心与数控铣床、数控镗床的主要区别。为了加工出所需的零件形状,加工中心至少要有3个坐标运动,一般由3个直线运动坐标 X、Y、Z 和3个旋转运动坐标 A、B、C 适当组合而成。可组合成三轴三联动、四轴三联动、五轴四联动、六轴五联动等坐标运动方式,多者甚至可以达到十几个运动坐标。加工中心一般还具有多种辅助功能,如各种加工的固定循环、刀具半径补偿、刀具长度补偿、刀具破损报警、刀具寿命管理、过载自动保护、丝杠螺距误差补偿、丝杠间隙补偿、故障自动诊断、模拟加工过程的图形显示、切削力控制或切削功率控制、DNC加工接口的提供等。这些辅助功能使加工中心的自动化水平、效率及精度不断提高。

1)加工中心的工艺特点

I.加工精度高

数控机床是严格按照数字指令进行加工的,由于目前数控装置的脉冲当量(数控系统输出一个脉冲后,数控机床运动相应的位移量)普遍达到了0.001 mm,而且进给传动链的反向间隙与丝杠螺距误差等均可由数控装置进行补偿,因此数控机床能达到高的加工精度。在加工中心上加工工件,在一次装夹下即可加工出零件上大部分待加工表面(工序集中原则),避免了工件多次装夹所产生的装夹误差,在保证高工件尺寸精度的同时获得各加工表面之间的高相对位置精度。同时,加工中心的整个加工过程是由程序控制自动执行的,完全避免了由于人为操作而产生的偶然误差。加工中心还省去了齿轮、凸轮、靠模等传动部件,最大限度地减少了由于制造及使用磨损所造成的误差,结合加工中心完善的位置补偿功能及高定位精度和重复定位精度,使工件加工精度具有很好的稳定性。

Ⅱ.表面质量好

加工中心主轴转速极高,最低转速一般都在 5 000 r/min 以上,部分高档加工中心的主轴转速可达 60 000 r/min,乃至更高。同时,加工中心主轴转速和各轴进给量均能实现无级调速,有些数控系统甚至具有自适应控制功能,能够根据刀具材质、工件材质及刀具参数的变化,把切削参数调整至最佳化,从而最大限度地优化各加工表面质量。

Ⅲ.工艺适应性强

在加工中心上加工的零件,其加工内容、切削用量、工艺参数等信息都编制到加工程序中,并以文件的形式保存。当加工对象改变时,除了更换相应的刀具和解决毛坯装夹方式外,只需要编制或修改相应的零件加工程序即可。这样就极大地缩短了零件的生产准备周期,并且节约了大量工艺装备费用,给新产品试制、实行新的工艺流程提供了方便。

Ⅳ.加工生产率高

零件加工所需要的时间包括机动时间和辅助时间两部分,选用加工中心作为加工设备可以有效地减少这两部分时间。加工中心主轴转速和进给量的调节范围大,每一道工序都能选用最合理的切削用量,良好的结构刚性允许加工中心进行大切削量的强力切削,有效地节省了机动时间。加工中心移动部件的快速移动和定位均采用了加速和减速措施,选用了很高的空行程运动速度,消耗在快进、快退和定位的时间要比一般机床少很多。同时,加工中心更换待加工零件时几乎不需要重新调整机床,零件安装在简单的定位夹紧装置中,用于停机进行零件安装调整的时间可以大大节省。加工中心加工工件时,工序高度集中,减少了大量半成品的周转时间,进一步提高了加工生产率。

Ⅴ.劳动强度低,劳动条件好

加工中心加工工件只需按图纸要求编制程序,然后输入系统进行调试,再安装零件进行加工即可,不需要进行繁重的重复性手工操作,劳动强度较低;同时,加工中心的结构均采用全封闭设计,操作者在外部进行监控,切屑、切削液等对工作环境的影响微乎其微,劳动条件较好。

Ⅵ.良好的经济效益

使用加工中心加工零件时,分摊在每个零件上的设备费用是较昂贵的,但在单件、小批量生产情况下,可以节省许多其他费用,因此能够获得良好的经济效益。

Ⅶ.有利于生产管理的现代化

利用加工中心进行生产,能准确地计算出零件的加工工时,并有效地简化刀具、工装夹具和零件半成品的管理工作。目前,较为流行的 FMS、CIMS、MRP Ⅱ(物料需求计划,Material Requirement Planning)、ERP Ⅱ(企业资源计划,Enterprise Resource Planning)等现代化的生产组织模式,都离不开加工中心的应用。

当然,加工中心的应用也还存在一定的局限性。比如加工中心加工工序高度集中,无时效处理,工件加工后有一定的残余内应力,设备昂贵,初期投入大,设备使用维护费用高,对管理及操作人员专业素质要求较高等。因此,科学地选择和使用加工中心才能使企业获得最大的经济效益。

2)加工中心的主要加工对象

加工中心适用于结构复杂、工序繁多、精度要求较高、需用多种类型的普通机床和种类繁多的刀具、工艺装备,经过多次装夹和调整才能完成加工的零件。其主要加工对象有以下 5 类。

I.适合于加工既有平面又有孔系的零件

通常箱体类零件的加工对象既有平面又有孔系,如图 1-10 所示。箱体类零件一般都要进行多工位孔系及平面的加工,加工精度要求较高,特别是对形状精度和位置精度要求较严格,通常要经过铣、钻、扩、铰、镗、攻螺纹、锪平面等工序的加工,工序繁多、过程复杂,在普通机床上加工难度大,使用的工装套数多,需多次装夹找正,手工测量次数多,精度不易保证。这类零件在加工中心上加工,一次装夹即可完成普通机床 60% ~95% 的工序内容,并且精度一致性好、质量稳定、生产效率高。对于加工工位较多,工作台需要多次旋转角度才能完成的零件,一般选用卧式加工中心;当加工的工位较少,且孔的跨距不大时,可选用立式加工中心,从一端进行加工。

Ⅱ.适合于加工结构形状复杂或外形不规则的异型零件

在航空、航天及运输业中,具有复杂曲面的异型零件(图 1-11)应用很广泛,如凸轮、航空发动机的整体叶轮、螺旋桨、模具型腔等。这类具有复杂曲线、曲面轮廓的零件,采用普通机床加工或精密铸造难以达到预定的加工精度,且难以检测。而使用多轴联动的加工中心,配合自动编程技术和专用刀具,可以大大提高其生产效率并保证曲面的形状精度,使复杂零件的自动加工变得非常容易。

图 1-10　箱体类零件

图 1-11　复杂曲面

Ⅲ.适合于加工周期性重复投产的零件

某些产品的市场需求具有周期性和季节性,如果采用专门生产线会得不偿失,用普通设备加工效率又太低,质量不稳定,生产批量难以保证。而采用加工中心首件试切完成后,程序和相关生产信息可保留下来,产品下次再投产时只要很短的准备时间就可开始生产。

Ⅳ.适合于加工精度要求较高的中小批量零件

有些零件需求量不多,但属于影响产品整机质量的关键零件,要求精度高且工期短。用传统加工工艺需用多台机床协调工作,生产周期长、效率低,且在长工序流程中易受人为因素影响而报废,从而造成重大经济损失。而采用加工中心进行加工,生产过程完全由程序自动控制,避免了长工序流程,减少了硬件投资和人为干扰,具有生产效率高、质量稳定及精度高的优点。

加工中心适合于中小批量、多品种零件生产,但在使用加工中心时,还应尽量使生产批量大于经济批量,以达到良好的经济效益。

Ⅴ.适合于加工新产品试制中的零件

加工中心具有广泛的适应性和较高的灵活性,更换被加工零件后,只需要重新编制和输入加工程序以及适当地调整夹具、刀具即可。在有些情况下,甚至只需修改程序中部分程序段或利用某些特殊指令就可实现加工。例如,利用缩放功能指令就可加工形状相同但尺寸不同的零件。这为单件、小批量、多品种生产以及产品改型和新产品试制提供了极大的便利,大大缩短了生产准备及试制周期。

3)加工中心的基本结构

加工中心类型繁多、结构各异,但总体来看主要由基础部件、主轴部件、控制部分、驱动装置、自动换刀装置和辅助装置等几部分组成,如图1-12所示。

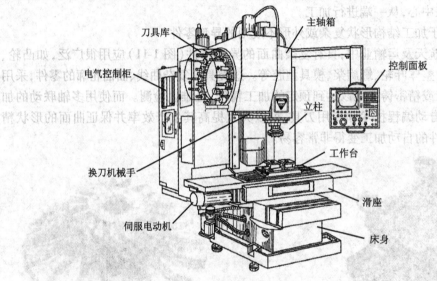

图1-12　加工中心结构

Ⅰ.基础部件

基础部件是加工中心的基础结构,由床身、立柱和工作台等组成,主要承受加工中心的静载荷以及在加工时产生的切削负载,因此必须要有足够的刚度。这些部件可以是铸铁件也可以是焊接而成的钢结构件,是加工中心中体积和质量最大的部件。数控机床的机械结构,除了主运动系统、进给系统以及辅助部分(如液压、气动、冷却、润滑等)等一般部件外,尚有些特殊部件,如储备刀具的刀具库、自动换刀装置、自动拖盘交换装置等。与普通机床相比,数控机床的传动系统更为简单,但机床的动态和静态刚度要求更高,传动装置的间隙要求尽可能小,滑动面的摩擦因数要小,并有恰当的阻尼,以适应数控机床高定位精度和良好的控制性能的要求。

Ⅱ.主轴部件

主轴部件由主轴箱、主轴和主轴轴承等零件组成。主轴的启停和变速等动作均由数控系统控制,并带动装在主轴上的刀具进行旋转,参与切削运动,是切削加工的功率输出部件。

Ⅲ.控制部分

控制部分是加工中心的控制核心,一般包括CNC装置、PLC、CRT操作面板及强电控制系统等。

Ⅳ驱动装置

驱动装置是加工中心执行机构的驱动部件,包括主轴电动机、进给伺服电动机等。

Ⅴ.自动换刀装置

自动换刀装置由刀具库、机械手等部件组成。当需要换刀时,数控系统发出指令,由机械手(或通过其他方式)将刀具从刀具库中取出并装入主轴锥孔中。

Ⅵ.辅助装置

辅助装置包括润滑、冷却、排屑、防护、液压、气动和检测系统等部分,这些装置虽然不直接参与切削运动,但对加工中心的加工效率、加工精度和可靠性起着保障作用,是现代加工中心不可缺少的组成部分。

4)加工中心的分类

加工中心的种类很多,一般按照机床形态及主轴布局形式分类,或按照其换刀形式分类。

Ⅰ.按照机床形态及主轴布局形式分类

(1)立式加工中心是指主轴轴线呈铅垂状态设置的加工中心,如图 1-13 所示。其结构有固定立柱,工作台作 X、Y 轴进给运动的;也有工作台固定,X、Y、Z 向均由主轴作进给运动的。多数立式加工中心的结构形式为固定立柱式,工作台为长方形,无分度回转功能,适合加工盘、套、板类零件。立式加工中心通常能实现三轴联动,并可在工作台上安装一个水平轴的数控回转台,用以加工螺旋线零件。立式加工中心装夹工件方便,便于操作,易于观察加工情况,但加工时切屑不易排除,且受立柱高度和换刀装置的限制,不能加工太高的零件。立式加工中心由于具有结构简单、占地面积小、价格相对较低等优点,在实际生产中得到了广泛的应用。

(2)卧式加工中心是指主轴轴线呈水平状态设置的加工中心,如图 1-14 所示。卧式加工中心一般具有分度转台或数控转台。卧式加工中心一般都具有 3~5 个运动坐标,常见的是 3 个直线运动坐标加 1 个回转运动坐标,它能够使工件在一次装夹后完成除安装面和顶面以外的其余 4 个面的加工,最适合加工箱体类零件,也可使多个坐标进行联合运动,以便加工复杂的空间曲面。

图 1-13　立式加工中心

图 1-14　卧式加工中心

同立式加工中心一样,卧式加工中心的结构也可分为固定立柱式和固定工作台式。

固定立柱式的卧式加工中心的立柱固定不动，主轴箱沿立柱作上下运动，而工作台可以在水平面内作前后、左右两个方向的运动；固定工作台式的卧式加工中心，安装工件的工作台只作回转运动，不作直线运动，沿 X、Y、Z 方向的坐标轴运动由主轴箱和立柱的移动来实现。

卧式加工中心调试程序及试切时不便观察，加工时不便监控，零件装夹和测量也不方便，但加工时排屑容易，对加工有利。

与立式加工中心相比，卧式加工中心的结构复杂、占地面积大、价格也较高。

（3）龙门式加工中心形状与龙门铣床类似，主轴多为铅垂设置（图1-15），带有自动换刀装置，并有可更换的主轴头附加。数控装置的软件功能也较齐全，能够一机多用，尤其适合于加工大型或形状复杂的工件，如航天工业及大型水轮机、大型建工机械上的某些零件的加工。

龙门式加工中心的机械结构、控制系统复杂，占地面积大，而且很重，价格昂贵。

（4）复合加工中心又称万能加工中心，是指兼具立式和卧式加工中心功能的一种加工中心，如图1-16所示。由于复合加工中心在工件安装完成后，可以完成除安装面外的所有侧面及顶面等5个面的加工，故又被称为五面加工中心。常见的复合加工中心主要有两种类型，一种是主轴可以旋转 90°，即可以像立式加工中心一样工作，也可以像卧式加工中心那样工作；另一种是主轴不改变方向，而工作台可以带着工件旋转 90°，完成对工件5个表面的加工。

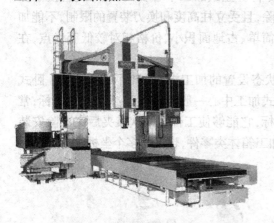

图 1-15　龙门式加工中心

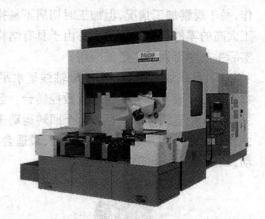

图 1-16　复合加工中心

复合加工中心的机械结构、控制系统极为复杂，且造价高、占地面积大，它的使用和生产在数量上远不如其他类型的加工中心，属于加工中心机床中的珍品。

Ⅱ. 按加工中心的换刀形式分类

（1）带刀具库、机械手的加工中心。这种加工中心的自动换刀装置由刀具库和机械手组成，换刀机械手完成换刀工作。这是加工中心上应用最广泛的换刀形式。

（2）无机械手的加工中心。这种加工中心的换刀是通过刀具库和主轴箱的配合动作来完成的，此种换刀形式多用于 BT-40 以下刀柄的小型加工中心。一般是把刀具库放在主轴箱可以运动到的位置，或整个刀具库（某一刀位）能移动到主轴箱可以到达的位置。当采用刀具库移动方式换刀时，换刀步骤如下：

①刀具库将需要换到主轴上的刀具旋转至刀具库中的换刀位置；

②主轴移动到换刀位置；

③刀具库移动到主轴的正下方,并打开刀具库门；

④主轴下降,将刀具插入主轴；

⑤刀具库离开主轴。

(3)带转塔式刀具库的加工中心。用转塔实现换刀是最早实现自动换刀的方式,换刀动作直接由转塔式刀具库的转动来完成。一般在小型立式加工中心上采用转塔式刀具库,主要以孔加工为主。转塔式刀具库所能更换的刀具数量比较少。

五、数控铣床/加工中心安全操作规程

1. 工作前的准备

(1)操作前必须熟悉数控铣床的一般性能、结构、传动原理及控制程序,掌握各操作按钮、指示灯的功能及操作程序。

(2)开动机床前,要检查机床电气控制系统是否正常；润滑系统是否畅通、油质是否良好,并按规定要求加足润滑油；各操作手柄是否正确；工件、夹具及刀具是否已夹持牢固；冷却液是否充足；然后开慢车空转 3 ~ 5 min,检查各传动部件是否正常,确认无故障后,才可正常使用。

(3)程序调试完成后,必须经指导老师同意后方可按步骤操作,不允许跳步骤执行。未经指导老师许可,擅自操作或违章操作,成绩按零分处理,造成事故者,按相关规定处分并赔偿相应损失。

(4)加工零件前,必须严格检查机床原点、刀具数据是否正常并进行无切削的轨迹仿真运行。

2. 工作过程中的安全注意事项

(1)加工零件时,必须关上防护门,不准把头、手伸入防护门内,加工过程中不允许打开防护门。

(2)加工过程中,操作者不得擅自离开机床,应保持思想高度集中,观察机床的运行状态,若发生不正常现象或事故,应立即终止程序运行,切断电源,并及时报告指导老师,不得进行其他操作。

(3)严禁用力拍打控制面板,严禁敲击工作台、分度头、夹具和导轨。

(4)严禁私自打开数控系统控制柜进行观看和触摸。

(5)操作人员不得随意更改机床内部参数,实习学生不得调用、修改其他非自己所编的程序。

(6)用于进行 DNC 操作的计算机,除进行程序操作和传输及程序复制外,不允许作其他操作。

(7)数控铣床属于高精设备,除工作台上安放工装和工件外,机床上严禁堆放任何工具、夹具、刀具、量具和其他杂物。

(8)禁止用手接触刀尖和铁屑,铁屑必须要用铁钩子或毛刷来清理。

(9)禁止用手或其他任何方式接触正在旋转的主轴、工件或其他运动部位。

(10)禁止加工过程中测量工件、手动变速,更不能用棉丝擦拭工件,也不能清扫

机床。

（11）禁止进行尝试性操作。

（12）使用手轮或快速移动方式移动各轴位置时，一定要看清机床 X 轴、Y 轴、Z 轴各方向"＋、－"号标牌，移动时先慢转手轮，观察机床移动方向无误后方可加快移动速度。

（13）在程序运行中须暂停来测量工件尺寸时，要待机床完全停止、主轴停转后方可进行测量，以免发生人身事故。

（14）机床若数天不使用，则每隔一天应对 NC 部分通电 2~3 h。

（15）关机时，要等主轴停转 3 min 后才可关机。

3. 工作完成后的注意事项

（1）清除切屑、擦拭机床，使机床与环境保持清洁状态，各部件应调整到正常位置。

（2）检查润滑油、冷却液的状态，及时添加或更换。

（3）依次关掉机床操作面板上的电源和总电源。

（4）打扫现场卫生，填写设备使用记录。

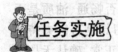

一、参观实训和生产现场

参观实训车间和用于实训的数控车床以及历届学生实训的加工作品，参观工厂生产的零件。

二、学习数控车床安全文明生产要求

逐条学习数控铣床/加工中心安全文明生产基本要求，对照场地、设备进行检查。按照安全文明生产要求摆放工具、夹具、量具等物品。

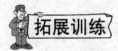

（1）什么是数控铣床？什么是数控加工中心？

（2）数控机床由哪些部分组成？各部分的主要作用是什么？

（3）简述加工中心的发展历程。

任务二　数控铣床/加工中心的开机与回零

通过本任务的学习了解 FANUC 系统数控铣床/加工中心控制面板的各功能键的名称、位置和功能，掌握数控铣床/加工中心的开机和回零方法。

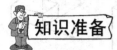
技能目标

- 了解机床坐标系概念及作用。
- 理解机床参考点概念及作用。
- 具有识别各种数控机床坐标系的能力。
- 熟悉 FANUC 系统数控铣床/加工中心操作面板各功能键的名称、位置和功能。
- 掌握数控铣床/加工中心的开机和回零操作。

知识准备

一、数控机床坐标系

1. 机床坐标系确定原则

目前,国际上已经统一了机床坐标系,我国也制定了 GB/T 19660—2005 标准予以规定。

(1)刀具相对于静止工件运动的原则。

(2)机床坐标轴的命名标准与方向。

数控机床中的坐标轴是指在机械设备中,具有位移(线位移或角位移)控制和速度控制功能的运动轴。它有直线坐标轴和回转坐标轴之分。一个直线进给运动或一个圆周进给运动定义一个坐标轴。在国际标准化组织(International Organization for Standardization,ISO)和电子工业协会(Electronic Industries Association,EIA)标准中都规定直线进给运动的直角坐标系用 X、Y、Z 表示,常称为基本坐标系。X、Y、Z 坐标轴的相互关系用右手螺旋定则决定,如图 1-17 所示。图中大拇指指向为 X 轴的正方向,食指指向为 Y 轴的正方向,中指指向为 Z 轴的正方向。围绕 X、Y、Z 轴旋转的圆周进给坐标轴分别用 A、B、C 表示,根据右手螺旋定则,以大拇指指向 $+X$、$+Y$、$+Z$ 方向,则食指、中指等的指向是回转坐标轴的 $+A$、$+B$、$+C$ 方向。

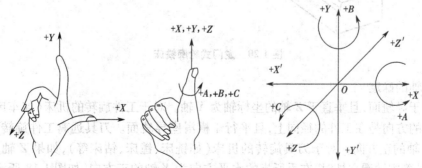

图 1-17　数控机床坐标系

2. 运动方向的确定

机床某一运动部件的运动正方向,规定为增大工件与刀具之间距离的方向。在确定机床坐标系时,应先确定 Z 轴,然后再确定 X 轴和 Y 轴。

1)Z轴的确定

Z轴的方向是由传递切削力的主轴确定的,标准规定:与主轴轴线平行的坐标轴为Z轴,并且刀具远离工件的方向为Z轴的正方向。对于没有主轴的机床,如牛头刨床等,则以与装夹工件的工作台面相垂直的直线作为Z轴方向,例如立式升降台铣床(图1-18)和卧式升降台铣床(图1-19)。如果机床有几根主轴,则选择其中一个与工作台面相垂直的主轴,并以它来确定Z轴方向,例如龙门式轮廓铣床(图1-20)。

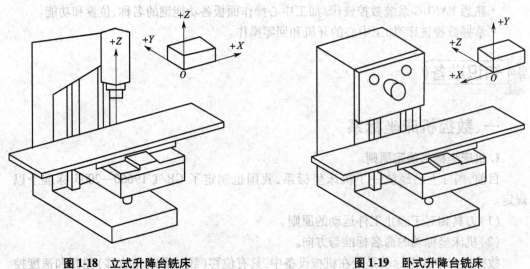

图1-18　立式升降台铣床　　　　　　　　　　　图1-19　卧式升降台铣床

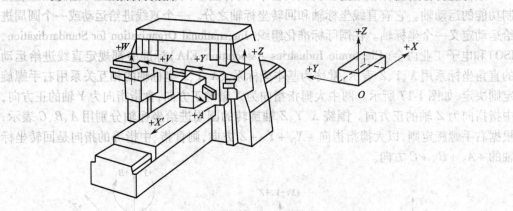

图1-20　龙门式轮廓铣床

2)X轴的确定

平行于导轨面,且垂直于Z轴的坐标轴为X轴。对于工件旋转的机床(如车床、磨床等),X轴的方向是在工件的径向上,且平行于横滑座导轨面。刀具远离工件旋转中心的方向为X轴的正方向。对于刀具旋转的机床(如铣床、镗床、钻床等),如果Z轴是垂直的,则面对着主轴看立柱时,右手所指的水平方向为X轴的正方向,如图1-18所示;如果Z轴是水平的,则由刀具主轴向工件看去,X轴的正方向指向右方,如图1-19所示。

3)Y轴的确定

Y轴垂直于X、Z轴。Y轴运动的正方向根据X轴和Z轴的正方向,按照右手笛卡儿直角坐标系来判断。

4）旋转运动的确定

围绕坐标轴 X、Y、Z 旋转的运动，分别用 A、B、C 表示。它们的正方向用右手螺旋定则判定。

5）辅助坐标系

与 X、Y、Z 坐标系平行的坐标系称为辅助坐标系，分别用 U、V、W 表示，如还有第三组运动，则分别用 P、Q、R 表示。

6）工件的运动

为了体现机床的移动部件是工件而不是刀具，在图中往往以加"′"的字母来表示运动的正方向，即带"′"的字母表示工件的运动方向，不带"′"的字母则表示刀具的运动方向，两者所表示的运动方向正好相反。

7）附加运动坐标的规定

对于直线运动，X、Y、Z 为主坐标系或第一坐标系。倘若另有轴线平行于它们的坐标系，则附加的直角坐标系分别指定为 U、V、W 和 P、Q、R，分别称为第二组坐标系与第三组坐标系。这些附加坐标系的运动方向，可按决定基本坐标系运动方向的办法来决定。所谓第二组坐标系，是指靠近主轴的直线运动，离主轴稍远的为第三组坐标系。

3. 机床坐标系与工件坐标系

1）机床原点与机床坐标系

数控机床一般都有一个基准位置，称为机床原点（Machine Origin 或 Home Position）或机床绝对原点（Machine Absolute Origin），是机床制造商设置在机床上的一个固定位置，其作用是使机床与控制系统同步，建立机床运动坐标系的测量起始点。机床坐标系建立在机床原点之上，是机床上固有的坐标系。机床坐标系的原点位置是在各坐标轴的正向运动极限处。

大多数数控机床除了机床原点外还有一个机床参考点（Reference Point），用 R 表示，它是机床制造商在机床上用行程开关设置的一个固定位置，与机床原点的相对位置是固定的，机床出厂之前由机床制造商精密测量确定（用户也可以通过修改机床参数来自己定义机床参考点）。机床参考点一般不同于机床原点。通常加工中心的参考点为机床的自动换刀位置。

2）工件坐标系与程序原点

工件坐标系是编程人员为编程方便，在工件、工装夹具上或其他地方选定某一已知点为原点建立的一个编程坐标系。工件坐标系的原点称为程序原点。当采用绝对坐标方式编程时，工件上所有轮廓点的编程坐标值都是以程序原点为基准的（由于 CNC 控制系统所发出的位置控制指令中的坐标值都是相对于机床原点而言的，故数控系统在处理零件程序时，会将相对于程序原点的任意点的坐标转换为相对于机床原点的坐标）。加工时，将工件装卡在机床上之后，测量程序原点相对于机床原点之间的位移称为工件原点偏置，如图 1-21 所示。将该偏

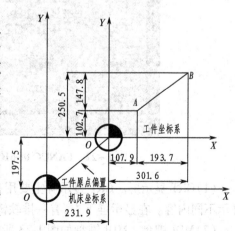

图 1-21 工件原点偏置

置值输入到数控系统中,在加工时,数控系统要对加工程序进行译码,在译码时将工件原点偏置值和工件坐标系中的所有坐标相加,从而将工件坐标系转化为机床坐标系,使数控系统可以按照机床坐标系确定加工时的坐标值。因而程序员在编程时可以不必考虑工件在机床上的安装位置以及安装精度,通过原点偏置功能就可以"补偿"工件在机床上的装卡位置与装卡误差,不但提高了编程效率而且使用起来也更加方便。

程序原点的选择要尽量满足编程简单、尺寸换算少、引起的加工误差小等条件。一般情况下,以坐标尺寸标注的零件,程序原点应选在尺寸标注的基准点。对称零件或以同心圆为主的零件,程序原点应选在对称中心线或圆心上。Z 轴的程序原点通常选在工件的上表面。

4. 绝对坐标系与相对坐标系

刀具(或机床)运动位置的坐标值是相对于固定的坐标原点给出的,称为绝对坐标,该坐标系称为绝对坐标系。绝对坐标系常用代码表中的第一坐标系 X、Y、Z 表示,例如图 1-21 中:$X_A = 107.9$,$Y_A = 102.7$;$X_B = 301.6$,$Y_B = 250.5$。

运动轨迹的终点坐标相对于起点计量的坐标系,称为相对坐标系。相对坐标系常用代码表中的第二坐标系 U、V、W 表示,例如图 1-21 中,B 点是以起点 A 为基准建立的 U、V 坐标系,终点 B 的相对坐标为:$U_B = 193.7$,$V_B = 147.8$。

在编制程序时,应该从方便程序编制以及满足加工精度要求等角度,考虑究竟是采用绝对坐标系还是采用相对坐标系,有时,也可以两种坐标系混合使用。

二、FANUC 系统操作面板与控制面板介绍

1. FANUC 0i-MC 系统数控铣床/加工中心操作面板介绍

FANUC 0i-MC 系统数控铣床/加工中心操作面板由 CRT 显示屏和 MDI 键盘两部分组成,如图 1-22 所示。

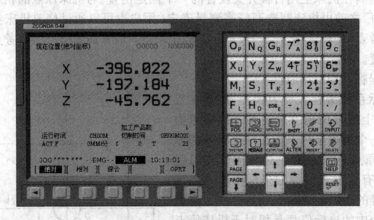

图 1-22　FANUC 0i-MC 数控铣床/加工中心操作面板

(1)CRT 显示屏。CRT 显示屏主要用来显示各功能画面信息,在不同的功能状态下,显示不同内容。在显示屏下方,有一排软键,通过它们可以切换不同的功能画面。

(2)MDI 键盘。MDI 键盘如图 1-23 所示,各功能键的含义见表 1-2。

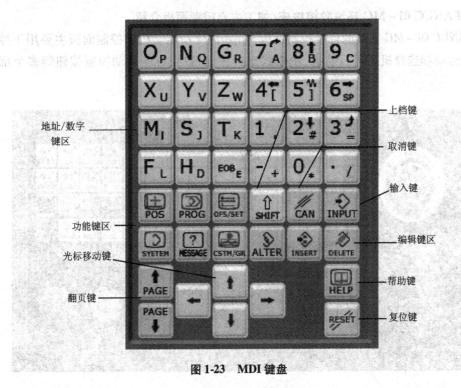

图 1-23　MDI 键盘

表 1-2　CRT/MDI 面板控制键功能

名称	功能
"RESET"复位键	解除报警、终止当前一切操作、CNC 复位、在编程功能时返回到程序开始处
地址/数字键	字母、数字等文字的输入,输入数据到输入域时,系统会自动判别取字母还是数字
"INPUT"输入键	用于参数、刀具数据的输入,G54 ~ G59 等工件坐标系偏置量的输入,MDI 方式指令数据的输入,DNC 时输入程序等
"ALTER"替代键	用输入域内的数据替代光标所在位置的数据
"DELETE"删除键	删除光标所在位置的数据,删除一个或全部数控程序
"INSERT"插入键	把输入域中的数据插入到当前光标之后的位置
"CAN"修改键	消除输入域内的数据
"EOB"回车换行键	结束一行程序的输入并且换行
光标移动键	向上、下、左、右移动光标
"PAGE"翻页键	向上、下翻页
"POS"键	显示"位置显示"页面,显示机床当前位置的坐标值
"PROG"键	显示"数控程序显示与编辑"页面
"OFS/SET"键	显示"偏置量设置"页面,用于设置刀具偏置量、磨损量以及工件坐标系偏置等
"SYSTEM"键	显示"系统"页面
"MESSAGE"键	显示"信息"页面
"CSTM/GR"键	显示"用户宏图像"页面

2. FANUC 0i–MC 系统数控铣床/加工中心控制面板介绍

FANUC 0i–MC 系统的标准控制面板,如图 1-24 所示。机床控制面板主要用于控制机床的运动和选择机床运行状态,由模式选择按钮、数控程序运动控制按钮等多个部分组成。

图 1–24　FANUC 0i–MC 系统标准控制面板

1)模式选择按钮

FANUC 0i–MC 系统标准控制面板的模式选择按钮上共有 7 种模式,见表 1-3。在有些厂家生产的数控机床上不是采用按钮,而是采用旋钮的形式进行选择。

表 1-3　模式选择按钮的功能

模式	功能	分类
编辑(EDIT)	程序编辑与存储	自动方式
自动(AUTO)	自动运行	自动方式
MDI	手动数据输入	自动方式
手脉(HANDLE)	手摇脉冲进给操作	手动方式
手动(JOG)	手动进给操作	手动方式
回机床零点(REF)	返回机床零点操作	手动方式
DNC	运行由 USB 接口预先传入到 DNC 存储区的零件加工程序	在线加工

数控铣床/加工中心的所有操作都是以这 7 种模式为基础的。也就是说,数控铣床/加工中心的每一个动作,都必须在确定某种模式的前提下才有意义。

(1)EDIT 是程序编辑与存储模式,即程序的创建、存储与编辑等操作都必须在这个模式下进行。

(2)AUTO 是自动运行模式。存储在数控系统上的程序,需要在这个模式下进行自动运行。

(3)MDI 是手动数据输入模式。MDI 模式是用来进行单个程序段的编辑与执行的,在编辑的时候不需要编写加工程序号和程序段号,并且程序一旦执行完毕,就不在内存中驻留。它可以通过用户操作面板上的循环启动按钮来执行程序。

(4)HANDLE 是手摇脉冲进给操作模式。在此模式下,可以通过摇动"手摇脉冲发生器"来控制数控铣床进行移动。手摇脉冲发生器每转动一格,数控铣床就移动一个脉冲当量,脉冲当量通过按下机床控制面板的"×1""×10""×100"(单位为 μm)这三个挡位按钮来进行选择。数控铣床移动坐标轴的选择通过用户控制面板上的轴选择开关来进行控制;而每个坐标轴的移动方向,则对应于手轮的旋转方向。

(5)JOG 是手动进给操作模式。在 JOG 模式下,通过按动控制面板上"+X""-X""+Z""-Z""+Y""-Y"的方向键,数控铣床的坐标轴就会向着所选择的方向作进给运动。进给速度由进给倍率按钮选择不同的进给挡来进行控制。在 JOG 模式下,同时按住方向键与快速进给键,数控铣床并不以进给倍率按钮的进给速度移动,而是快速移动(G00 速度×倍率)。

(6)REF 是返回机床零点操作模式。数控铣床开机后,必须返回机床零点(回零),以使机床原点与控制原点重合。在返回机床零点模式下,X、Y、Z 轴只能朝正方向移动,在操作时,只要按下"+X""+Y"和"+Z"方向键并保持 3 s 以上,数控铣床就能自动返回机床零点。如果机床开机后,未执行返回机床零点操作,数控铣床就不能进行程序的自动运行,并在 CRT 上显示报警信息。

(7)DNC 是在线加工模式,主要用于大容量数控程序的执行与加工。为了使大容量加工程序运行可靠,FANUC 0i - MC 系统专门使用了 160 MB 的 DNC 存储区来存放所需的加工程序。通过 DNC 模式,可以经 USB 接口将程序读到 DNC 存储区,在 DNC 存储区选择需要加工的程序后即可进行 DNC 模式加工。

2)控制按钮

控制按钮的功能及用途见表 1-4。

表 1-4 控制按钮的功能及用途

按钮	功能及用途
	循环启动按钮。在 AUTO 及 MDI 模式下启动程序
	程序停止按钮。在程序运行过程中按下此按钮,系统将停止进给(主轴仍然旋转),重新按下循环启动按钮,程序继续执行
	程序输入保护开关。当把这个开关打开时,用户加工程序可以进行编辑,参数可以进行修改;当把这个开关关闭时,程序和参数得到保护,不能进行修改

续表

按钮	功能及用途
冷却	冷却启动与停止按钮。按下此按钮,冷却泵电动机启动,可以进行冷却;再次按下该按钮,冷却电动机停止。冷却泵的启动与停止也可以通过 M8 和 M9 在程序中进行控制
主轴正转	手动主轴正转按钮。此按钮在手动模式下有效,在手动方式下按下此按钮并保持 2 s 以上,主轴电动机就开始正转
主轴停止	手动主轴停止按钮。此按钮在手动模式下有效,在主轴选择的过程中,当按下此按钮时,主轴电动机就停止转动,并且通过刹车盘进行刹车控制,在一般情况下,刹车动作保持 4 s
主轴反转	手动主轴反转按钮。此按钮在手动模式下有效,在手动方式下按下此按钮并保持 2 s 以上,主轴电动机开始反转
跳段	程序跳跃选择按钮。此按钮为自锁按钮,当按一下时,指示灯亮,再按一下时,指示灯熄灭。当"跳段"指示灯亮时,说明跳跃选择功能有效,当程序执行到前面有反斜杠"/"的程序段时,系统将跳过这一程序段不执行。 例如:N5 G54 G98 G21; 　　　N10 M3 S800; 　　/ N15 G00 X150.0 Z100; 　　　N20 X52.0 Z10.0; 当"跳段"指示灯亮时,程序执行完 N10 程序段后,跳过 N15 程序段,直接执行 N20 程序段;当"跳段"指示灯不亮时,程序执行顺序为 N5→N10→N15→N20
空运行	空运行按钮。这个按钮也是自锁按钮。当"空运行"指示灯亮时,空运行有效。这个功能按钮主要在试运行程序时用。在空运行状态下,机床空转,各轴以快速移动速度运动
单段	单步运行按钮。这个按钮也是自锁按钮。当"单段"指示灯亮时,程序单步执行,程序每执行完一个程序段,机床就停止进给,当按下循环启动按钮,程序又开始执行下一个程序段,依次类推,常用于新程序的调试工作

三、FANUC 0i - MC 系统数控铣床/加工中心的开机、回参考点和关机

1. FANUC 0i - MC 系统数控铣床/加工中心的开机步骤

(1)检查机床。开机之前,检查机床主轴润滑箱润滑油位,导轨润滑油位,清洁状态,强电控制柜即总电源是否处于关闭状态,防护门的安全措施是否正常,数控铣床/加工中心的辅助装置及液压气动装置是否正常等。

(2)开启数控机床的供电空气开关。

(3)开启数控机床的总电源开关。数控机床的总电源开关通常在强电控制柜上,开启时,将数控机床开关拨至或旋至"ON"位置。

(4)检查数控机床各冷却风扇是否正常,检查润滑油泵是否正常工作。

(5)开启数控系统电源开关。按电源接通(POWER ON)按钮 1~2 s 即接通数控系统电源。

(6)数控系统自检后,进入开机界面或待机状态。

(7)旋开急停开关。

2. FANUC 0i-MC 系统数控铣床/加工中心的回机床零点操作

(1)按下"REF"键,即选择回机床零点操作模式。

(2)按下方向键中的"+Z"键,进行 Z 轴回零点操作。

(3)按下方向键中的"+Y"键,进行 Y 轴回零点操作。

(4)按下方向键中的"+X"键,进行 X 轴回零点操作。

机床回零点的注意事项如下。

(1)系统上电,必须回零点。发生意外而按下急停开关时,必须重新回一次零点。

(2)为保证安全,防止刀具与工件或夹具相撞,在回零点时应首先在 +Z 方向回零点,然后在 +Y 方向回零点,最后在 +X 方向回零点。

3. FANUC 0i-MC 系统数控铣床/加工中心的关机操作

(1)清理机床上的切屑,卸下工件和刀具。

(2)给导轨进行充分润滑。

(3)将 X 轴方向移动至床身中间位置,避免机床发生变形。

(4)按下急停按钮。

(5)按电源断开(POWER OFF)按钮,关闭数控系统。

(5)关闭机床总电源开关。

(6)关闭机床空气开关。

任务实施

◆**实施条件**

配备 FANUC 0i-MC 系统的数控铣床/加工中心若干台。

◆**实施步骤**

1. 开机

按数控车床开机步骤打开数控机床。

2. 回机床零点

选择"REF"模式,依次按下"+Z""+Y""+X"方向键,控制机床返回零点。

3. 关机

操作结束后,按关机顺序,正确关闭数控机床。

◆**检查评分**

将对学生任务完成情况的检测与评价填入表1-5中。

表1-5 数控铣床/加工中心开关机与回零检测评价表

序号	检查项目	检查内容及要求	配分	学生自检	教师检测	得分
1		操作规范	10			
2	职业修养	安全、纪律	10			
3		工作态度	20			

续表

序号	检查项目	检查内容及要求	配分	学生自检	教师检测	得分
4	操作实训内容	开机步骤	20			
5		回零操作步骤	20			
6		关机步骤	20			
综合评价						

◆**任务反馈**

在任务完成过程中,分析是否出现表1-6所示情况,分析产生原因并提出解决措施。

表1-6　数控铣床/加工中心开关机与回零操作失误原因及解决措施

失误项目	产生原因	解决措施
操作面板液晶屏不显示	1. 数控机床电源未接通	
	2. 数控系统电源开关未打开	
	3. 数控机床电源部分发生故障	
数控机床不动作	1. 数控机床钥匙开关未打开	
	2. 数控系统电源开关未打开	
	3. 进给倍率设置为零	
	4. 数控机床处于"锁住"状态	
回零操作失败	1. 方向键选择错误	
	2. 回零中途停顿	
	3. 回零前,机床已处于零点位置	
	4. 零点行程开关损坏	
关机错误	1. 关机前,机床 X 轴未移动至床身中部	
	2. 关闭机床总电源前,未关闭数控系统	
	3. 机床总电源开关未关闭	
	4. 数控机床外部电气柜电源未关闭	

任务三　程序的输入与编辑

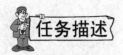

任务描述

通过本任务的学习将掌握数控机床程序的结构与组成,了解程序段和程序字的含义等,掌握 FANUC 0i – MC 数控系统程序的输入与编辑。

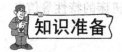

- 掌握数控程序输入及打开方式。
- 掌握 FANUC 0i – MC 系统程序的复制、删除等编辑操作。
- 掌握 FANUC 0i – MC 系统在线程序编辑的方法。

一、数控编程

1. 数控加工程序简介

数控机床与普通机床在加工零件时的根本区别在于零件加工过程不需要人为干预,能够按照事先编制好的加工程序自动地完成对零件的加工。普通机床的加工过程是由操作者根据图纸、工艺卡片等相关技术文件以及操作者自己的经验并通过手动操纵机床而完成的。机床操作者的技术娴熟程度对于普通机床的加工工效与零件的加工质量影响很大,而数控机床加工零件的质量与效率,很大程度上取决于所编制程序的合理性。理想的加工程序不仅能够加工出符合图纸要求的合格零件,还要能够最大限度地发挥数控机床的各种优良性能,从而使数控机床能够安全、可靠、高效地工作。

不同规格的数控机床,其性能、编程指令格式以及 CNC 系统所具备的功能都有很大的区别,程序员在编制程序前,应该对所要使用的数控机床的上述特性有深入的了解。程序编制时,需要先对图纸进行分析,确定加工零件的几何特征、需要保证的尺寸公差、位置精度、相关工艺要求、加工方法和加工路线;再进行相应的数值运算,获得刀位数据;最后按照具体数控机床所规定采用的代码和程序格式,将工件的坐标系、加工尺寸、刀具补偿、刀具运动轨迹、切削参数以及辅助功能(换刀、主轴正反转、切削液的开关等)等信息编制成加工程序。其实,零件加工程序就是用数控系统所能够识别的代码来描述整个零件的加工工艺以及机床运转的每一个动作和步骤。

2. 数控编程的方法

数控机床的程序编制方法有手工编程和自动编程两种。

1)手工编程

手工编程是指从零件图纸工艺分析、数值计算、编写零件程序单、键盘输入程序直至程序校验等各步骤均由人工来完成。对于几何形状不太复杂的零件,编制程序的工作量较小,程序中的坐标计算也比较简单,程序段不多,因而出错的概率也比较小,这种情况下采用手工编程显得经济且省时,故手工编程如今仍广泛地应用于形状简单的点位加工和直线、圆弧组成的平面轮廓加工中。

2)自动编程

对于复杂的零件,特别是具有非圆曲线曲面的零件,或者是零件的几何形状虽然不是很复杂但加工工序很多,导致程序编制的工作量很大,由于这些零件在编制程序过程中,数值计算很复杂、烦琐,如果采用手工编制程序,不仅耗费时间、效率低、出错概率高,有时甚至不可能完成。采用自动编程方法可以有效解决上述问题。自动编程即计算机辅助编程,根据输入方式的不同,自动编程可以分为数控语言自动编程、图形交互式自动编程和语音数控自动编程等。

目前,图形交互式自动编程应用最为广泛,也即 CAM 软件。常用的 CAM 软件有 UG、Pro/E、MasterCAM、SolidWorks、CAXA 制造工程师、Cimatron、PowerMILL 等。

3. 程序编制过程

程序编制主要是根据具体的零件加工图纸、相关技术文件和具体机床的特性等信息编制加工代码。程序编制工作的主要过程如图 1-25 所示。

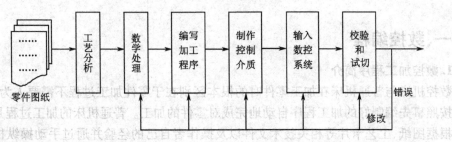

图 1-25　数控编程过程

1) 工艺分析

根据加工零件的图纸和工艺卡片等技术文件,对零件的材料、加工余量、加工形状、尺寸精度、表面粗糙度以及热处理情况等进行分析,从而制定出合理、高效的加工工艺方案,根据相应的加工工艺方案,再决定具体的加工方法、零件的定位夹紧措施、加工表面的先后加工顺序和满足具体加工要求的机床、刀具以及合适的切削参数等。

2) 数学处理

在编制程序前,首先应根据图纸与零件的定位方式,确定合适的工件坐标系,并以此工件坐标系为零件加工基准坐标系,其次还需要对加工轨迹中的一些坐标值进行计算。数值计算包括基点计算、节点计算等。对于复杂的曲线和曲面的数值计算,必须借助于CAD/CAM 软件。

3) 编写加工程序

根据指定的加工路线、具体刀具、刀具补偿、切削参数、辅助动作和计算的坐标值,依照具体数控机床所规定的指令代码和程序段格式,编写零件加工程序,并进行初步的校验(通过仔细地阅读和分析程序段,对程序段的语法错误、坐标计算错误等,进行初步的校验)。同时,还应该附上相应的加工示意图、刀具布置图、机床调整卡、加工工序卡和必要的说明等。

4) 制作控制介质与输入数控系统

加工程序编制完成后,可以采用手动数据输入方式,将编制好的加工程序按机床规定的格式输入数控系统;也可以将加工程序的内容记录在控制介质上,通过相应的硬件设备将控制介质上的内容输入到数控系统。

5) 校验和试切

(1)程序的校验。利用数控系统相关功能,在数控机床上运行程序,通过刀具运动轨迹检查程序的正确与否。程序的校验用于检查程序的正确性与合理性,但不能检查加工精度。

①静态校验。大部分的数控系统都提供"加工模拟"功能,利用数控系统所提供的加工模拟功能能够在机床不动作的情况下,通过数控系统的图形模拟,显示刀具加工轨迹来检查程序的正确性。

②动态校验。利用数控系统的"空运行"功能运行程序,在不安装零件的情况下,数控机床按编程轨迹快速运行,同时在显示屏上显示刀具加工轨迹。

此外,对于平面的轮廓加工可以用笔代替刀具,用纸代替零件,通过运行程序描绘出刀具的实际加工轨迹。对于空间曲面轮廓零件,可以使用蜡块、塑料、木材等价格低廉的材料代替加工零件进行试切。这种方法不仅可以验证程序的正确性和合理性,还可以发现在加工过程中是否存在刀具干涉现象。

(2)程序的试切。程序的试切通过在数控机床上加工实际零件来检查程序的正确性与合理性以及实际零件的加工精度。如果有较大的加工误差,应分析加工误差产生的原因,并有针对性地予以修正。

4. 数控铣床/加工中心的编程特点

除换刀程序外,加工中心的程序编制与数控铣床的程序编制基本相同。由于加工中心将数控铣床、数控镗床、数控钻床的功能组合起来,所以加工能力非常强。在加工中心上加工零件,从加工工序的确定、刀具的选择、加工路线的安排到数控加工程序的编制,都比其他数控机床要复杂,其编程特点如下。

1)进行合理的工艺分析

由于零件加工的工序比较集中,使用的刀具种类多,甚至在一次装夹下要完成粗加工、半精加工与精加工的多个工序,因此周密合理地安排各工序,有利于提高加工精度和生产率。

2)尽量采用模块化编程

在具体程序的编制中,尽量把不同工艺内容的程序分别安排到不同的子程序中,主程序主要完成换刀及子程序的调用。这种安排便于按每一工步独立地调试程序,也便于因加工顺序不合理而重新作出调整。

3)加工前必须进行试运行

对于编制好的程序必须进行仔细检查,并于加工前安排好试运行。从编程的出错率来看,采用手工编程比自动编程出错率高。特别是在生产现场,临时加工而编制的程序,出错率更高,因此认真检查程序并安排好试运行就更为必要。

二、程序结构与程序段格式

1. 加工程序的结构

一个完整的程序由程序号、程序内容和程序结束三部分组成。例如,一个铣削正方形的程序如下:

```
O0001                                           程序号
N1    G40 G49 G80 G15;                          第一程序段
N2    G90 G54 G00 X-10. Y-10. S1500 M03;        第二程序段
N3    G43 H1 Z100.;                             ……
N4    G01 Z3. F3000;
N5    Z-10. F15;
N6    G41 D01 X0 Y0 F200;
N7    X0 Y100.;
N8    X100.;
N9    Y0;
N10   X0;
N11   G00 Z100.;
N12   G40 X0 Y0 M05;
N13   M30;                                      程序结束
```

1）程序号

程序号就是给零件加工程序一个编号，从而可以在数控系统的程序目录中进行方便的查找、调用。同时，程序号也是程序的开始部分，是程序开始的标记。程序号由地址码和四位数字编号组成。如上例中的地址码 O 和数字编号 0001。有的系统地址码用 P 或% 表示。

2）程序内容

程序内容是加工程序的主要构成部分，它由多个程序段组成。每个程序段由若干个字组成，每个字又由地址码和若干个数字组成。指令字代表某一信息单元，它代表数控系统所识别的一个控制命令或一个坐标位置。

3）程序结束

程序结束一般用辅助功能代码 M02（程序结束）和 M30（程序结束，返回起点）来表示。

表 1-7 列举了现代 CNC 系统中各地址码字符的意义。

表 1-7　现代 CNC 系统中地址码字符的意义

地址码	意义	地址码	意义
A	绕 X 轴旋转的角度尺寸	F	第一进给功能
B	绕 Y 轴旋转的角度尺寸	G	准备功能
C	绕 Z 轴旋转的角度尺寸	H	刀具长度补偿的偏置号
D	刀具半径补偿的偏置号	I	平行于 X 轴的圆弧插补参数
E	第二进给功能	J	平行于 Y 轴的圆弧插补参数

续表

地址码	意义	地址码	意义
K	平行于 Z 轴的圆弧插补参数	S	主轴转速功能
L	固定循环的循环次数，子程序的调用次数	T	刀具功能
		U	平行于 X 轴的第二坐标
M	辅助功能	V	平行于 Y 轴的第二坐标
N	程序段号	W	平行于 Z 轴的第二坐标
O	程序号	X	X 轴方向的主运动坐标
P	平行于 X 轴的第三坐标/其他用	Y	Y 轴方向的主运动坐标
Q	平行于 Y 轴的第三坐标/其他用	Z	Z 轴方向的主运动坐标
R	平行于 Z 轴的第三坐标/其他用		

2. 程序段格式

程序段格式是指在编程时一个程序段中的字、字符和数据的编写规则。目前常用的是字地址可变的程序段格式。它是由程序段号、数据字和程序段结束符组成的。每个字的字首是一个英文字母，称为字地址码。字地址码可变程序段格式如表 1-8 所示。

表 1-8　字地址码可变程序段格式

程序段号	准备功能	坐标尺寸或规格字			进给功能	主轴速度	刀具功能	辅助功能	程序段结束符
N_	G××	X_ Y_ Z_ U_ V_ W_ P_ Q_ R_ A_ B_ C_ D_ E_	I_ J_ K_ R_	K_ L_ P_ H_ F_	F_	S_	T_	M××	LF

字地址码可变程序段格式的特点是程序段中每个字的先后排列顺序要求并不严格，不需要的字以及与上一程序段相同的继续使用的字可以省略；数据的位数可多可少；程序简短、直观，故得到普遍应用。如：N0001 G02 X20. ;Y0 I – 20. ;J0 F120. 。

（1）程序段号通常由标识符号 N 与数字来表示，如 N0005、N0010 等。现代数控系统中很多都不要求程序段号，即程序段号可有可无（但是如果程序中有宏程序语句，应该加上程序段号）。

（2）准备功能。准备功能由准备功能地址符 G 和数字组成，如 G02 表示顺时针圆弧插补，一般也可以写成 G2，即可以省略 0。G 功能的代号已经标准化。

（3）坐标字由坐标地址符与数字组成，而且要遵循一定的排列顺序。各坐标轴的地址符按照下列顺序排列：

X、Y、Z、U、V、W、P、Q、R、A、B、C

"X、Y、Z"为刀具运动的终点坐标位置，不同的数控系统对坐标值的表示方法有不同的规定（有的数控系统可以使用参数来设置不同的表示方法），例如 18 应写成"18."，否则有的数控系统会将 18 看作 18 μm，而不是 18 mm，但是写成"18."，则普遍地被认为是

18 mm。

（4）进给功能由进给地址符 F 与数字组成，数字表示所选定的进给速度，单位为 mm/min。

（5）主轴转速功能由主轴转速地址符 S 与数字组成，数字表示主轴每分钟转速，单位为 r/min。

（6）刀具功能由地址符 T 和数字组成，数字表示选定刀具的号码。

（7）辅助功能由辅助操作地址符 M 与两位数字组成。

（8）程序段结束符号位于程序段的最后一个有用字符之后，表示该程序段的结束，不同的数控系统，其所规定的程序段结束符是不同的。

三、程序在数控系统中的创建与编辑

1. 在数控系统中创建程序

创建新程序的步骤如下。

图1-26　无驻留程序的程序编辑页面

（1）进入"EDIT"模式。

（2）按下"PROG"键，如果当前没有调入内存运行的程序，则显示如图 1-26 所示页面。如果有正在内存中运行的驻留程序，则显示当前选择的程序。

（3）按"O_P"地址键后面紧跟程序号，如"0005"。

（4）按"INSERT"插入键，如当程序用程序名 O0005 存储时，键入"O_P""5"，然后按"INSERT"插入键，数控系统就创建了一个程序名为 O0005 的程序。

2. 程序名的检索

当需要运行或编辑某一个程序时，需要将程序从程序存储区中调入内存待命，这时就需要用到程序的检索操作。常见的方法有以下两种。

1）准确定位，直接调入

（1）选择"EDIT"模式。

（2）按"PROG"键，进入程序编辑页面。

（3）按"DIR"功能软键，显示目前系统中已存储的程序，如图 1-27 所示。

（4）键入要检索的程序名，如"O0036"。

（5）按"O 检索"功能软键，或直接在面板上按"↓"键。

（6）检索完成，程序调入内存待命，并在屏幕上显示程序内容，屏幕右上角显示程序号，如图 1-28 所示。如果所检索程序不存在，发生"P/S71"报警。

2）按程序号递加，顺次检索

（1）选择"EDIT"模式。

（2）按"PROG"键，进入程序编辑页面。

（3）按"O 检索"功能软键，系统自动将目前显示程序号的下一个程序调入内存待命，

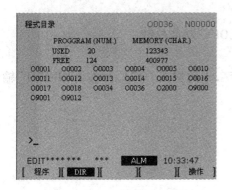

图1-27 已存储程序页面

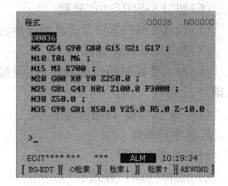

图1-28 O0036程序检索结果页面

如现在屏幕显示36号程序,按"O检索"功能软键后,将2000号程序调入,并在屏幕显示。

3. 字的插入、修改和删除

1)字的插入

(1)在插入字之前,按动光标移动键"←""→""↑""↓"将光标移动至需要插入字符的位置。或者通过字检索功能,定位光标位置,如要将光标定位至图1-28中N25程序段中的Z100.0位置处,这时可以先输入"Z100.0"然后按下"检索键↓",系统将向下方检索,并将光标定位至N025号程序段的"Z100.0"位置处。

(2)在MDI键盘上输入待输入内容,如"G55"。

(3)按"INSERT"键,将待插入内容插入程序(插入操作前,需要打开程序保护锁,否则无法对程序进行编辑)。

2)字的修改

(1)在修改字之前,按动光标移动键"←""→""↑""↓"将光标移动至需要修改的字符位置。或者通过字检索功能,将光标直接定位至待修改字符位置(字符检索操作方法同"字的插入"操作中所述)。

(2)输入要修改的内容至屏幕下面的数据缓冲区。

(3)按"ALTER"替代键,将输入内容对原有内容进行改写。

3)字的删除

(1)在删除字之前,按动光标移动键"←""→""↑""↓"将光标移动至需要删除的字符位置。或者通过字检索功能,将光标直接定位至待删除字符位置。

(2)按"DELETE"删除键,将光标所在位置内容删除。

4. 程序的复制

程序的复制是以某一个现有程序为模板,复制出一个新的程序。程序复制的具体操作步骤如下。

(1)选择"EDIT"模式。

(2)按"PROG"键,进入程序编辑页面。

(3)按"DIR"功能软键,显示目前系统中已存储的程序,如图1-27所示。

(4)用前述程序检索方法,打开一个用于复制的"源程序"。

(5)按菜单扩展键"▷",展开隐藏扩展功能软键。

（6）按"EX-EDT"功能软键。

（7）检查复制的程序是否已经选择，并按下"COPY"功能软键。

（8）按下"ALL"功能软键。

（9）输入要复制的目标程序名（只需输入数字，不用输入"O"），并按下"INPUT"输入键。

（10）按"EXEC"功能软键即可。

5. 程序的删除

1）删除单个程序

（1）选择"EDIT"模式。

（2）按"PROG"键，进入程序编辑页面。

（3）按"DIR"功能软键，显示目前系统中已存储的程序，如图1-27所示。

（4）键入要删除的程序号，如"O0002"。

（5）按下"DELETE"删除键，输入程序号的程序被删除。

2）删除用户存储区所有程序（切忌，不可随意使用）

（1）选择"EDIT"模式。

（2）按"PROG"键，进入程序编辑页面。

（3）键入"O - 9999"。

（4）按下"DELETE"删除键，用户存储区中所有的程序都被删除。

任务实施

◆**实施条件**

配备FANUC 0i - MC系统的数控铣床/加工中心若干台，并给定练习编辑程序。

程序名称为

    O0036

程序内容如下：

    O0036

    N5   G54 G90 G80 G15 G21 G17；

    N10 T01 M6；

    N15 M3 S700；

    N20 G00 X0 Y0 Z250.0；

    N25 G01 G43 H01 Z100.0 F3000；

    N30 Z50.0；

    N35 G98 G81 X50.0 Y25.0 R5.0 Z - 10.0 F100；

    N40 X - 50.0；

    N45 Y - 25.0；

    N50 X50.0；

    N55 G80 X0 Y0 M05；

    N60 M30；

◆ **实施步骤**

1. 新建并输入程序

（1）新建程序，程序名为"O0036"。

（2）输入程序内容。

2. 程序编辑

（1）以"O0036"为源程序，复制一个新的程序，程序名为"O0136"。

（2）打开"O0036"号程序，编辑如下程序内容。

①将"N15"程序段中"S700"改为"S1200"。

②在"N20 G00"程序字之间插入"G54"指令。

③在"N30 Z50.0;"程序段中增加 G01 指令。

④删除"N5 G54 G90 G80 G15 G21 G17;"程序段中"G17"指令。

⑤将"N20 G00 X0 Y0 Z250.0;"程序段中"Z250.0"改为"Z252.0"。

⑥在"N20 G00 X0 Y0 Z250.0;"程序段后插入"N21 Z152.0;"程序段。

（3）删除程序目录中老师所指定的无用程序。

◆ **检查评分**

将对学生任务完成情况的检测与评价填入表1-9中。

表1-9 程序输入与编辑评价表

序号	检查项目	检查内容及要求	配分	学生自检	教师检测	得分
1	职业修养	操作规范	10			
2		安全、纪律	10			
3		工作态度	10			
4	操作实训内容	建立新程序操作无误	10			
5		程序内容输入正确、熟练	20			
6		复制程序操作无误	10			
7		程序内容编辑操作无误	20			
8		程序删除操作无误	10			
综合评价						

◆ **任务反馈**

在任务完成过程中，分析是否出现表1-10所示情况，分析产生原因并提出解决措施。

表1-10 程序输入、编辑项目操作失误原因及解决措施

失误项目	产生原因	解决措施
程序名不正确	1. 程序名称字符输入错误	
	2. 将数字"0"和字母"O"混淆	
	3. 新建程序名与已有程序重名	

续表

失误项目	产生原因	解决措施
程序内容输入不正确	1. 遗漏字符	
	2. 将数字"0"和字母"O"混淆	
	3. "SHIFT"上档键使用不当致使输入错误字符	
	4. 程序段结束，未输入结束符"EOB"	
程序内容编辑不正确	1. 不能够进入程序编辑页面	
	2. 光标位置不合适，致使插入字符的位置不正确或删除不应删除的字符	
	3. 将数字"0"和字母"O"混淆	
复制、删除程序错误	1. 程序复制，源程序不正确，或目标程序名错误	
	2. 程序删除出现误删	

拓展训练

　　在教师指导下，反复练习程序的建立、输入、编辑、复制和删除等操作，力求熟练掌握各项操作。

任务四　对刀操作及参数设置

任务描述

　　通过本任务的学习将掌握数控铣床/加工中心的对刀操作及刀具补偿的设定方法以及工件零点偏置的设定方法。

技能目标

- 掌握数控铣床/加工中心的对刀操作。
- 掌握数控铣床/加工中心的刀具补偿设定方法。
- 掌握数控铣床/加工中心的工件零点偏置设定方法。

知识准备

一、数控铣床/加工中心的对刀

　　机床坐标系是机床出厂时已经确定不变的，但工件在机床各坐标轴行程范围内的安装位置却是随意的，若需确定工件在机床坐标系中的位置，就要靠对刀操作。简单地说，对刀操作就是要确定工件装夹在机床上的什么位置,确定工件坐标系与机床坐标系之间的位置关系(工件零点偏置)。对刀点是工件在机床上定位装夹后,用于确定工件坐标系在机床坐标系中位置的基准点。一般来说,加工中心的对刀点应选在工件坐标系原点上,这样有利于保证对刀精度,减少对刀误差。也可以将对刀点或对刀基准点设在夹具定位元件上,这样可直接以定位元件为基准进行对刀,有利于提高批量加工时工件坐标系位置的准确性。

对刀的准确程度将直接影响加工精度,因此对刀操作一定要仔细,对刀方法一定要与零件加工精度要求相适应。当零件加工精度要求较高时,可采用百分表或千分表进行找正或对刀。用这种方法对刀,每次耗费的时间较长,效率较低。目前,很多加工中心采用了光学设备或电子设备来进行对刀,极大地提高了对刀效率和对刀精度。

二、对刀操作与零点偏置值设定

1. 对刀操作

在机床坐标系中建立工件坐标系的过程,实质上也就是对刀的过程。对刀的目的就是确定工件坐标系原点(程序原点)在机床坐标系中的位置,并将对刀数据输入到相应的存储位置。机床坐标系、工件坐标系和对刀的关系为回零→确定机床坐标系→对刀操作→确定工件坐标系原点在机床坐标系中的位置。

对刀时,要根据现有条件和加工精度要求选择合适的对刀方法,常采用刀具、寻边器、百分表(或千分表)、标准芯棒、塞尺和量块等工具进行手动对刀。

1)方形工件的对刀操作

方形工件一般选择工件的对称中心点或某个边角点作为工件坐标系的 XY 方向零点,选择工件的上表面作为 Z 方向零点,如图1-29所示。

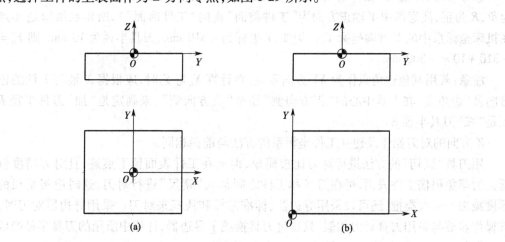

图1-29　方形工件的工件坐标系

(a)对称中心为 XY 方向零点　(b)边角点为 XY 方向零点

(1)方形工件的中心点为 XY 方向的零点。

①机床回零并安装、找正、夹紧工件后,采用手轮进给方式,将主轴刀具先移动到靠近工件 X 方向的对刀基准面——工件毛坯的右侧面。

　　②启动主轴中速旋转,用手轮进给方式转动手摇脉冲发生器,在 X 方向缓慢移动刀具,使刀具刚刚接触到工件 X 方向的基准面(当工件上出现一个极微小的切痕时,即刀具正好碰到工件侧面,此方法被称为"碰切")。刀具沿 Z 方向退刀,记录此时的 X 坐标(机床坐标系坐标,假设为 X_1);然后将刀具移至工件毛坯的左侧面,用同样的方法使刀具刚刚接触到工件毛坯的左侧面,刀具沿 Z 方向退刀,记录此时的 X 坐标(机床坐标系坐标,假设为 X_2);$(X_1 + X_2)/2 = X_0$ 即为工件坐标系原点在机床坐标系的 X 方向的坐标。按照上述的方法在 Y 方向对刀,并得到工件坐标系原点在机床坐标系的 Y 方向的坐标 Y_0。此对刀操作方式被称为双边分中。

　　③在机床主轴上安装一把基准刀具(刀具的长度已经在对刀仪上测得,刀具长度已知,假设刀具长度为 L),移动刀具"碰切"工件上表面,记录此时的 Z 坐标(机床坐标系坐标,假设为 Z_1),则工件坐标系原点在机床坐标系的 Z 方向的坐标 $Z_0 = Z_1 - L$(L 为正,Z_1 与 Z_0 为负)。例如,刀具长度为 110 mm,碰切后的机床坐标 $Z_1 = -346.5$ mm,则 $Z_0 = -346.5 - 110 = -456.5$ mm。

　　④记录对刀操作所得到的工件坐标系原点在机床坐标系中的坐标 (X_0, Y_0, Z_0)。

　　(2)方形工件的边角点作为 XY 方向的零点,假设选定图 1-29(b)中的 O 点为工件坐标系 XY 方向的零点。

　　①移动刀具"碰切"工件的右侧面,刀具沿 Z 方向退刀,记录此时的 X 坐标(刀具中心的机床坐标系坐标)。

　　②将 X 坐标加上刀具半径 R(X 坐标为负,R 为正,注意图中 X 正方向为工件左侧面指向工件右侧面),所得数值即是 A 点在机床坐标系中的 X 方向坐标 X_0。例如,X 坐标为 -220 mm,刀具半径为 10 mm,则 $X_0 = -220 + 10 = -210$ mm。

　　③移动刀具"碰切"工件的"前面",重复以上操作,将 Y 坐标加上刀具半径 R(Y 坐标为负,R 为正,注意图中 Y 轴正方向为"工件前面"指向"工件后面"),所得数值即是 A 点在机床坐标系中的 Y 方向坐标 Y_0。例如,Y 坐标为 -310 mm,刀具半径为 10 mm,则 $Y_0 = -310 + 10 = -300$ mm。

　　注意:若用其他边角点作为 XY 方向零点,在计算 X_0 与 Y_0 时,应根据 X 轴与 Y 轴的正方向及"边角点"在刀具中心的"正方向侧"还是"负方向侧",来确定是"加"刀具半径 R 还是"减"刀具半径 R。

　　Z 方向的对刀操作及建立工件坐标系的方法与前面相同。

　　用刀具"试切"的方法进行对刀比较简单,但会在工件表面留下痕迹,且对刀精度较低。为避免损伤工件表面,可在刀具和工件之间加入"塞尺"进行对刀,这时应将塞尺的厚度减去。依次类推,还可以采用寻边器、标准芯棒和块规来对刀。采用寻边器对刀时,其操作步骤与采用刀具对刀相似,只是将刀具换成了寻边器,计算中所用的刀具半径换成寻边器触头的半径,如图 1-30 所示。

　　2)圆形工件的对刀操作

　　如果工件形状为圆形或工件所加工工序的工序尺寸都是以某一个孔的中心为基准的,此时应以圆柱或圆柱孔的中心作为工件坐标系在 XY 方向的原点。一般使用百分表(或千分表)或寻边器进行对刀。如图 1-31 所示,通过杠杆百分表(或千分表)对刀,设定工件坐标系原点。

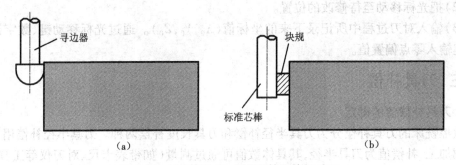

图1-30　采用寻边器、标准芯棒和块规对刀

（a）采用寻边器对刀　（b）采用标准芯棒和块规对刀

（1）安装工件，并用手动方式回机床零点。

（2）将百分表的安装杆装在刀柄上，或将百分表的"磁性座"吸在主轴套筒上，移动机床 X 轴与 Y 轴，使主轴轴线（即刀具中心）大约移动至工件的中心，调节磁性座上伸缩杆的长度和角度，使百分表的触头接触工件的圆周面，用手缓慢转动主轴，使百分表的触头沿着工件的圆周面转动，观察百分表指针的偏移情况，缓慢地移动机床 X 轴或 Y 轴，反复多次后，待转动主轴时百分表的指针基本指在同一个位置，这时主轴的坐标位置就是工件坐标系原点在机床坐标系的 XY 方向的坐标。

（3）记录此时的 X 轴和 Y 轴的坐标值（X_0，Y_0）。

（4）卸下百分表座，装上铣刀，用试切法确定工件坐标系原点在机床坐标系的 Z 方向的坐标 Z_0。

注意：上述操作所选的对刀表面都应是经半精加工后的内外圆柱面。

2. 设定零点偏置值

通过对刀操作所获得的工件坐标系原点在机床坐标系中的坐标，即是零点偏置值。输入或修改零点偏置值的操作步骤如下。

（1）按下"OFS/SET"键，然后再按下"坐标系"功能软键（如果当前页面没有"坐标系"功能软键，可以按菜单扩展键"▷"，展开隐藏扩展功能菜单，直至找到"坐标系"功能软键），进入如图1-32所示的页面。

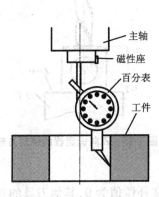

图1-31　用杠杆百分表对刀

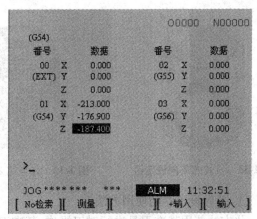

图1-32　工件坐标系设置页面

（2）把光标移动至待修改的位置。

（3）输入对刀过程中所记录下来的坐标值（X_0，Y_0，Z_0）。通过光标移动键、数字键和输入键输入零点偏置值。

三、刀具补偿

1. 刀具补偿值的确定

数控铣床的刀具补偿分为刀具半径补偿和刀具长度补偿两种。刀具半径补偿用于平面轮廓加工，补偿值为刀具半径，其具体数值可通过测量（如带表卡尺、对刀仪等工具）得到；刀具长度补偿同数控车床一样，用于多把刀具加工同一零件或表面，其补偿数值可以通过对刀仪或 Z 向设定器获得，也可通过刀具直接试切的对刀方式获得。

1）试切法对刀

将加工所需刀具装入刀柄后，一般需要找出一把已知长度的基准刀具（通常为钻头），基准刀具的长度可以通过对刀仪测出。用基准刀具试切工件的上表面，并采用"对刀操作"中所述的对刀方法，确定 Z 方向零点偏置值（Z_0）。然后依次装入其他带有刀具的刀柄，试切工件的同一位置，记录此时的 Z 坐标值，则此刀具的长度补偿值 $L = Z - Z_0$。例如，假设 $Z_0 = -456.5$ mm，试切后记录下的 Z 坐标值为 -305.5 mm，则这把刀具的长度补偿值 $L = Z - Z_0 = -305.5 - (-456.5) = 151$ mm。

试切法对刀所确定的刀具长度补偿值，不如使用对刀仪或 Z 向设定器所得到的数据精度高。但试切法对刀简便易行，容易理解。

2）采用 Z 向设定器对刀

Z 向设定器既可以用于确定工件坐标系原点在机床坐标系的 Z 轴坐标，也可以用于确定刀具的长度补偿值。Z 向设定器有机械式（图1-33）和光电式（图1-34）两种类型。机械式 Z 向设定器在使用时，通过观察表针的读数来确定刀具和工件的位置关系。光电式 Z 向设定器在使用时，通过观察指示灯的状态（亮或灭）来确定刀具与工件的相对位置关系是否已确定。Z 向设定器的对刀精度一般可达 0.005 mm。Z 向设定器带有磁性表座，可以牢固地吸附在工件或夹具上。Z 向设定器的高度一般为 50 mm 或 100 mm。Z 向设定器的用法如图1-35 所示。

图1-33 机械式 Z 向设定器

图1-34 光电式 Z 向设定器

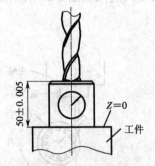
图1-35 Z 向设定器的使用方法

Ⅰ．Z 向设定器的使用方法1

此方法使用基准刀具进行对刀操作，基准刀具的刀具长度补偿值为0，其他刀具的长度补偿值为本刀具与基准刀具的长度差。基准刀具通常为所有刀具中最短的那一把。具体操作如下。

(1)将基准刀具装在主轴上,将 Z 向设定器吸附在已经装夹好的工件或夹具平面上。

(2)快速移动工作台和主轴,将刀具上的最高点靠近 Z 向设定器的上表面。

(3)改用微调操作,让刀具上的最高点慢慢接触到 Z 向设定器的上表面,直到 Z 向设定器发光(光电式)或指针指示到零位(机械式)。

(4)记录下此时机械坐标系中的 Z 坐标($Z_{基对刀}$)。

(5)在当前刀具情况下,工件或夹具平面在机床坐标系中的 Z 坐标值($Z_{偏置}$),应为(4)所记录的坐标值再减去 Z 向设定器的高度($Z_{设定器}$)。例如,假设步骤4所记录的坐标值为 -265.3 mm;Z 向设定器的高度为 50 mm,则

$$Z_{偏置} = Z_{基对刀} - Z_{设定器} = -265.3 - 50 = -315.3 \text{ mm}$$

(6)若工件坐标系 Z 坐标零点设定在工件或夹具的对刀平面上,则此值即为工件坐标系 Z 坐标零点在机床坐标系中的位置,也就是 Z 坐标零点偏置值,应输入到机床相应的工件坐标系存储地址中(G54~G59)。

(7)将此基准刀具的长度补偿值(长度补偿值为0)输入到相应的刀具补偿存储器中。

(8)将第二把需要对刀的刀具换到主轴上,依次采用(1)至(2)的方法进行对刀,并记录下相应的 Z 坐标($Z_{对刀}$)。

(9)计算此刀具的长度补偿值 H,$H = Z_{对刀} - (Z_{偏置} + Z_{设定器}) = Z_{对刀} - Z_{基对刀}$

例如,假设第二把刀具对刀后,所记录下的 Z 坐标,$Z_{对刀} = -230.3$ mm,由于第二把刀具肯定比基准刀具长,所以对刀至相同的平面,其 Z 轴位置肯定比基准刀具对刀时的 Z 轴位置要高,即 $Z_{对刀} > Z_{基对刀}$($-230.3 > -265.3$),则

$$H = Z_{对刀} - (Z_{偏置} + Z_{设定器}) = Z_{对刀} - Z_{基对刀} = -230.3 - (-265.3) = 35 \text{ mm}$$

(10)将步骤9所计算出的刀具补偿值输入到相应的刀具补偿存储器中。其他刀具的对刀方法依次类推。

采用上述方法对刀,操作简便、投资少,但工艺文件编写不便,对生产组织有一定影响。

Ⅱ.Z 向设定器的使用方法 2

此方法为机外刀具预调结合机上对刀,这种方法是先在机床外利用刀具预调仪精确测量每把在刀柄上装夹好的刀具的轴向和径向尺寸,确定每把刀具的长度补偿值(图1-36),然后在机床上用其中任意一把刀具进行 Z 方向对刀,确定工件坐标系。这种方法对刀精度和效率高,便于工艺文件的编写及生产组织。具体操作方法如下。

(1)在机床外利用刀具预调仪精确测量每把在刀柄上装夹好的刀具的轴向和径向尺寸,并记录下每把刀具的轴向和径向尺寸,轴向尺寸即为刀具的长度补偿值,径向尺寸即为刀具的半径补偿值。

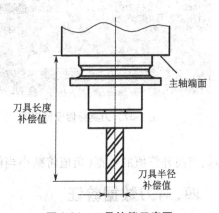

主轴端面

刀具长度补偿值

刀具半径补偿值

图1-36 刀具补偿示意图

（2）将步骤 1 所记录的刀具补偿值输入到相应的刀具补偿存储器中。

（3）将任一把刀具装在主轴上（假设刀具的长度补偿值为 $H_{对刀}$），将 Z 向设定器吸附在已经装夹好的工件或夹具平面上。

（4）快速移动工作台和主轴，将刀具上的最高点靠近 Z 向设定器的上表面。

（5）改用微调操作，让刀具上的最高点慢慢接触到 Z 向设定器的上表面，直到 Z 向设定器发光（光电式）或指针指示到零位（机械式）。

（6）记录下此时机械坐标系中的 Z 坐标（$Z'_{对刀}$）。

（7）此处假设工件坐标系 Z 坐标零点设定在工件或夹具的对刀平面上，计算工件坐标系的 Z 方向零点偏置值 $Z'_{偏置}$，假设 Z 向设定器的高度为 $Z_{设定器}$，则

$$Z'_{偏置} = Z'_{对刀} - H_{对刀} - Z_{设定器}$$

例如，假设对刀刀具的长度补偿值 $H_{对刀}=102$ mm，对刀后所记录下的 Z 坐标 $Z'_{对刀}=-265.3$ mm，Z 向设定器的高度 $Z_{设定器}=50$ mm，则工件坐标系的 Z 方向零点偏置值 $Z'_{偏置}=Z'_{对刀}-H_{对刀}-Z_{设定器}=-265.3-102-50=-417.3$ mm。

（8）将计算出的工件坐标系的 Z 方向零点偏置值 $Z'_{偏置}$ 输入到机床相应的工件坐标系存储地址中（G54~G59）。

方法 2 与方法 1 的最大区别在于，方法 2 中不存在基准刀具，各把刀具的刀具长度补偿值都是其自身的绝对长度。方法 2 对刀所确定的 Z 方向零点偏置值，不依赖于某一把刀具的长度，它所确定的 Z 方向零点偏置值，为机床的主轴端面与工件或夹具的对刀平面相重合时，机床的 Z 坐标值（机械坐标）。

2. 刀具补偿值输入数控系统

输入或修改刀具补偿值的操作步骤如下。

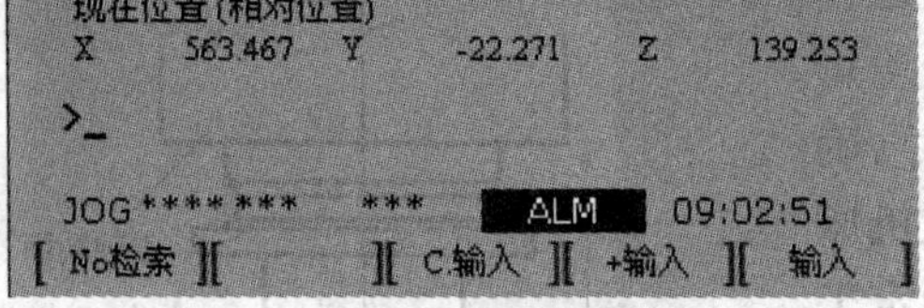

图 1-37　刀具补偿设置页面

（1）按下"OFS／SET"键，然后再按下"补正"功能软键（如果当前页面没有"补正"功能软键，可以按菜单扩展键"▷"，展开隐藏扩展功能菜单，直至找到"补正"功能软键），进入如图 1-37 所示的页面。

（2）通过"PAGE"页面键和光标移动键将光标移到要设定和改变补偿值的地方，或者输入要设定补偿值的号码，然后按下"No 检索"功能软键，进行光标定位。

（3）输入要设定的补偿值，然后按下输入键，修改补偿值时，输入一个将要叠加到当前补偿值的数据（负值将减小当前补偿值）并按下"＋输入"功能软键。

四、对刀数据验证

对刀结束后，可以通过 MDI 模式来验证刀具在 X、Y 方向与 Z 方向的对刀是否正确。在验证 X、Y 方向工件坐标系设置数据时，应使刀具在 Z 坐标方向远离工件。在验证 Z 方

向工件坐标系数据和刀具补偿数据时,应使刀具在 X、Y 坐标方向远离工件。这样可以避免验证时,工件坐标系数据和刀补数据不正确使刀具与工件发生碰撞。Z 方向工件坐标系数据和刀补数据验证步骤如下。

(1)将机床工作状态切换至 MDI 模式。

(2)按下"PROG"键,然后再按下"MDI"功能软键,进入"MDI 单段程序编辑/运行"模式。

(3)在键盘上输入程序段:"G00　G54　G43　H01　Z0;"或"G01　G54　G43　H01　Z0 F1000;"。

(4)按下循环启动按钮 ,启动程序运行。

(5)程序运行过程中,要特别注意刀具运行轨迹,如发现有可能与机床或工件发生碰撞,应及时按下急停按钮 。

(6)程序运行结束后,仔细观察刀具是否与刚才在 Z 方向的碰切平面(工件上表面)相重合,如重合,则工件坐标系数据和刀补数据设置正确;若不重合,则说明工件坐标系数据和刀补数据设置不正确,需重新对刀。

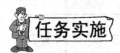 **任务实施**

◆**实施条件**

配备 FANUC 0i – MC 系统的数控铣床/加工中心若干台,$80\ mm \times 80\ mm \times 40\ mm$ 方形工件、$\phi 20\ mm$ 铣刀、游标卡尺、机用虎钳等。

◆**实施步骤**

1.机床开机、回零

(1)接通机床电源。

(2)打开机床开关。

(3)打开数控系统开关,启动数控系统。

(4)按"回零"键,切换机床工作模式为"回零模式"。

(5)按"+X"方向键,机床在 X 方向回零。

(6)按"+Y"方向键,机床在 Z 方向回零。

(7)按"+Z"方向键,机床在 Z 方向回零。

(8)切换机床工作模式为"JOG 模式",结束回零工作。

2.装夹工件

(1)用百分表打表找正机用虎钳钳口,并用梯形螺栓螺母紧固于工作台上。

(2)用机用虎钳装夹工件,工件下垫等高铁,工件高出钳口 15 mm 左右。

(3)一边旋紧虎钳的钳口,一边用铜棒轻轻敲击工件上表面,使工件完全支撑在等高铁上。

3.安装铣刀

(1)首先确定需安装的刀具要装入刀具库的几号刀位。

(2)假如铣刀要安装至刀具库的 2 号刀位,在 MDI 模式下,输入"T02 M06;"指令并运行,机床执行换刀指令,将 2 号刀位中的刀具装至主轴上(其实是空刀)。

(3)按下主轴上的"手动换刀"按钮,松开主轴内的蝶形弹簧锁紧机构。

（4）将刀具垂直装入主轴锥孔，注意要尽量保证刀具锥柄轴线与主轴轴线相重合。

（5）松开主轴上的"手动换刀"按钮，锁紧刀具锥柄。

4. 对刀并设置工件坐标系偏置及刀具补偿值

（1）X、Y 方向对刀，并设置工件坐标系偏置。

（2）Z 方向对刀，并设置刀具长度补偿值。

（3）对刀验证。

◆**检查评分**

将对学生任务完成情况的检测与评价填入表 1-11 中。

表 1-11　对刀检测评价表

序号	检查项目	检查内容及要求	配分	学生自检	教师检测	得分
1	职业修养	操作规范	10			
2		安全、纪律	10			
3		工作态度	10			
4	操作实训内容	开机、回零操作正确、熟练	10			
5		工件装夹熟练并符合要求	20			
6		刀具装夹熟练并正确	10			
7		对刀操作正确无误	10			
8		刀具补偿设置正确无误	10			
9		工件坐标系偏置设置正确	10			
综合评价						

◆**任务反馈**

在任务完成过程中，分析是否出现表 1-12 所示情况，分析产生原因并提出解决措施。

表 1-12　对刀中出现误差现象、产生原因及解决措施

失误项目	产生原因	解决措施
对刀验证时 Z 方向不正确	1. 机床未回零或零点被破坏	
	2. 试切时，碰切量掌握不好，过大或过小	
	3. 数控系统设置工件坐标系偏置或刀具长度补偿时，数据输入错误	
	4. 对刀验证时，程序中刀具补偿号不正确	
对刀验证时 X 方向不正确	1. 机床未回零或零点被破坏	
	2. 试切时，碰切量掌握不好，过大或过小	
	3. 数控系统设置工件坐标系偏置时，数据输入错误	
	4. 对刀验证时，工件偏置号调用不正确	
	5. 坐标计算错误	

失误项目	产生原因	解决措施
对刀验证时 Y 方向不正确	1. 机床未回零或零点被破坏	
	2. 试切时,碰切量掌握不好,过大或过小	
	3. 数控系统设置工件坐标系偏置时,数据输入错误	
	4. 对刀验证时,工件偏置号调用不正确	
	5. 坐标计算错误	
撞刀	1. 机床未回零	
	2. 试切时,手动进给倍率太大	
	3. 对刀错误	
	4. 对刀验证时,验证程序不正确或操作不当	
	5. 误操作	

任务五　数控铣床/加工中心的自动运行

任务描述

通过本任务的学习将掌握 FANUC 0i – MC 系统的各种运行模式,尤其是要掌握自动运行操作模式。

技能目标

• 掌握 FANUC 0i – MC 系统的各个运行模式。
• 掌握 FANUC 0i – MC 系统的自动运行模式。

任务实施

一、JOG 模式

JOG 模式为手动进行操作模式,可以手动控制机床运行。具体操作步骤如下。

(1)按机床控制面板上的"JOG"开关,进入 JOG 模式,然后按下" – X"" + X"" – Z"" + Z"" – Y"" + Y"方向键,使机床主轴按照相应的坐标方向运动。

(2)按"快速运行叠加"键,同时按动相应的方向键,则主轴带动刀具快速移动。

(3)按"手脉"键,可以选择增量进给模式,在增量进给模式下,可以选择按下" ×1"" ×10"" ×100"脉冲进给挡。当按下" ×1"挡时,每按一下方向键,主轴在该坐标方向移动 0.001 mm;当按下" ×10"挡时,每按一下方向键,主轴在该坐标方向移动 0.01 mm;当按下"×100"挡时,每按一下方向键,主轴在该坐标方向移动0.1 mm。

二、MDI 模式

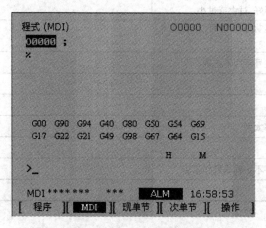

```
程式 (MDI)                    O0000    N00000
O0000 ;
%



G00  G90  G94  G40  G80  G50  G54  G69
G17  G22  G21  G49  G98  G67  G64  G15

                              H       M

>_

MDI ******* ***   ALM   16:58:53
[ 程序 ][ MDI ][ 现单节 ][ 次单节 ][ 操作 ]
```

图1-38 MDI工作模式界面

MDI 模式允许用户通过输入一条语句执行一条语句的边输入边运行的模式工作。具体操作步骤如下。

(1)按机床控制面板上的"MDI"开关,进入 MDI 模式。

(2)按系统操作面板上的"PROG"键,然后再按下 MDI 功能软键,进入 MDI 模式,如图1-38所示。

(3)用键盘输入一个程序段,按下输入键,将程序段输入系统存储区。

(4)按循环启动按钮,执行输入的程序段。

三、AUTO 模式

在 AUTO 模式下,零件程序可以自动运行,是数控机床中使用频率最多的模式。具体操作步骤如下。

(1)按机床操作面板上的"AUTO"开关,进入 AUTO 模式。

(2)屏幕左下角显示"MEN",选择要执行的程序。

(3)在屏幕右上角显示程序名称,按循环启动按钮,程序开始运行。

四、DNC 模式

DNC 加工,也称在线加工,通常是指将机床与计算机或网络联机进行加工(常用于加工由 CAM 软件所生成的大容量程序)。具体操作步骤如下。

(1)按机床控制面板上的"DNC"开关。

(2)将 U 盘插到 CNC 的前面板上(DNC 程序以"DNC. txt"的文件名存放到 U 盘中)。

(3)按下小键盘上的扩展键"+",画面即可显示 U 盘操作、DNC 存储器、DNC 程序的选择页面。

(4)执行"复制 U 盘加工程序到扩展区(DNC)"命令。

(5)进入 DNC 存储区加工程序目录,利用光标移动键对蓝色光标进行移动,实现加工程序的选择。

(6)用光标移动键选择待加工程序,然后按下"INPUT"键;画面会自动进入 DNC 程序显示页面;在 DNC 模式下按"INPUT"键后,DNC 加工用的程序就被选择了。

(7)当按下循环启动按钮开始自动加工运行,循环开始指示灯亮。

(8)在 DNC 模式运行时,当前正在执行的程序显示在程序检测画面及程序画面上。

注意:①在 DNC 模式运行过程中,不能调用子程序或宏程序;

②在 DNC 模式运行过程中,可以指定用户宏程序,但不能编写重复指令及转移指令的程序。

五、自动加工运行中断及恢复

数控机床在自动运行过程中,有时会不可避免的因为各种各样的因素,需要中断正在运行的程序,待问题解决完毕后,又需要从中断处恢复自动运行,如加工运行中的工件测量、刀具突然损坏等。中断及恢复操作的具体步骤如下。

(1)在程序自动运行时,按下"进给保持"键,机床停止进给,自动运行过程中断。

(2)将机床工作状态切换至 HANDLE 模式。

(3)转动坐标轴选择开关,选择刀具离开方向。

(4)转动电子手轮,控制刀具离开工件,注意记录刀具离开时的 X、Y、Z 坐标值。

(5)按主轴停转按钮,使主轴停止转动。

(6)处理随机事件(工件抽测或刀具损毁更换刀具等)。

(7)按主轴启动键,使主轴旋转,其转向与中断前转向一致。

(8)移动刀具至中断前的坐标位置(步骤 4 所记录的坐标),可以用手动方式或 MDI 模式。最好用 MDI 模式,建立中断前的机床模态。

(9)程序段检索至中断恢复后需接着运行的程序段。

(10)按循环启动按钮,重新启动程序,继续零件加工。

六、机床锁住

机床锁住循环是指数控系统工作时,屏幕动态显示机床的运行状况,但各个进给轴不运动,换刀、冷却液开停等辅助命令也不动作。此功能仅用于自动循环加工前的程序调试。机床锁住有两种方式:第一种方式是锁住所有轴的运动;第二种方式是锁住指定轴,仅停止指定轴运动。此外还有辅助功能锁,能够锁住 M、S、T 等辅助指令的动作。机床锁住和辅助功能锁住操作步骤如下。

(1)按机床操作面板上机床锁键,机床不移动,但显示器上各轴位置在改变,有些机床各个轴都有一个机床锁住开关,对于这类机床,按某个轴的锁住开关,相应轴被锁住。

(2)按下机床操作面板上辅助功能锁住开关后,M、S 和 T 指令无效,不被执行。

在自动运行操作中,使用机床锁住功能后,由于各轴均被锁住,不能移动,但坐标位置仍会发生变化。此时,执行机床锁住操作后,机床必须执行回零操作来确定工件坐标系。

七、程序单段执行模式

在首件试切时,出于安全考虑,可选择单段方式执行加工程序。

单段运行程序具体步骤如下。

(1)按机床控制面板上的"单段"键,当前程序段被执行后,机床停止进给运动。

(2)按循环启动按钮,执行下一个程序段,程序段执行完后,机床停止进给。

(3)重复执行步骤 2,直至加工程序结束或取消单程序段运行模式(再次按下"单段"按键)。

八、程序段跳跃

在程序 AUTO 模式下，系统可跳过某些指定的程序段，称为程序段跳跃执行。如在某程序段前加"/N0070 G02…"，并在操作面板上按下"段跳跃有效"功能软键，则在自动加工时，该程序段被跳过不执行，而当操作面板释放"段跳跃有效"功能软键后，段跳跃功能将不再有效，"/"符号不起作用，程序顺序执行。

◆检查评分

将对学生任务完成情况的检测与评价填入表 1-13 中。

表 1-13　零件自动加工检测评价表

序号	检查项目	检查内容及要求	配分	学生自检	教师检测	得分
1	职业修养	操作规范	10			
2		安全、纪律	10			
3		工作态度	10			
4	操作实训内容	开机、回零操作正确、熟练	5			
5		工件与刀具装夹熟练并符合要求	5			
6		刀具对刀正确	10			
7		机床锁住及轨迹仿真	10			
8		程序单段运行	10			
9		程序自动运行加工	10			
10		零件外形尺寸	10			
11		零件表面质量	5			
12		机床维护保养	5			
综合评价						

◆任务反馈

在任务完成过程中，分析是否出现表 1-14 所示情况，分析产生原因并提出解决措施。

表 1-14　零件自动加工过程中出现误差现象、产生原因及解决措施

失误项目	产生原因	解决措施
无法锁住机床或看不到加工轨迹	1. AUTO 模式下，未选择加工程序	
	2. 加工方式未选择自动加工	
	3. 图形显示比例太小或太大	
	4. 程序输入错误，产生报警	
	5. 未按下"机床锁住"键	

续表

失误项目	产生原因	解决措施
无法自动加工或单段加工	1. 机床未回零	
	2. 未对刀或刀具对刀不正确	
	3. AUTO 模式下,未选择加工程序	
	4. 程序输入错误,产生报警	
	5. 加工方式未选择自动加工	
撞刀	1. 机床未回零	
	2. 对刀错误	
	3. 程序输入错误,如将 G01 输入为 G00	
尺寸超差	1. 对刀错误	
	2. 程序中坐标值输入错误	
	3. 刀补计算中,尺寸测量错误	
	4. 工件坐标系设置错误	
表面粗糙	1. 工件安装不正确,跳动较大	
	2. 刀具磨损	

拓展训练

(1)学生分组按教师要求练习各种操作模式。

(2)学生分组按要求练习 AUTO 模式,并且人为在加工中中断执行,练习中断恢复操作技能。

基本编程指令

熟悉与了解数控机床的基本编程指令是掌握数控机床编程技能的基础。本项目以零件的平面加工与轮廓加工为典型应用实例，综合运用各种基本编程指令编制加工程序。通过本项目的学习可以对 FANUC 0i－MC 数控系统的基本编程指令有较深入的了解。

学习目标

◇掌握 FANUC 0i－MC 系统基本编程指令的使用。
◇掌握平面的编程与加工。
◇掌握轮廓面的编程与加工。

任务一　平面加工

任务描述

加工如图 2-1 所示的零件，其材料为 45 号钢，表面基本平整。需要加工上表面及右侧台阶面。上表面区域大小为 80 mm×100 mm 的矩形，上表面相对基准面 A 有 0.08 的平行度要求。右侧有 2 个台阶面，每个台阶面距顶面的高度分别为 10 mm 和 20 mm，宽度都为 10 mm。所有面的表面粗糙度为 Ra3.2 μm。

技能目标

• 能够选择合适的切削用量，合理选择铣削刀具。
• 掌握基本编程指令。
• 具有用数控铣床/加工中心加工平面的实践能力。

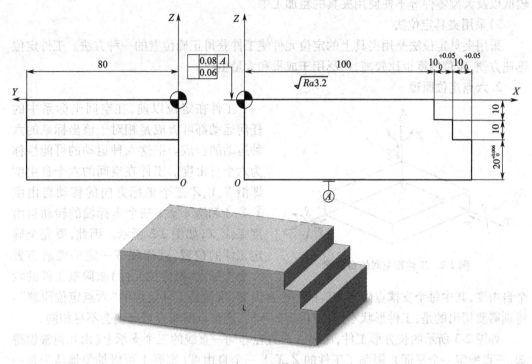

图 2-1 平面加工零件

一、工件在数控机床上的装夹

在数控机床上加工零件时,为保证加工的顺利进行,使刀具与工件之间按照程序指定的刀具路径发生相对位移,并保证加工精度。必须首先使工件在机床或夹具中占据一个正确的位置,即工件定位,然后将其夹紧,这种定位与夹紧的过程称为工件的装夹。

(一)工件的定位

1. 工件定位的方法

工件在机床上定位主要有以下 3 种方法。

1)直接找正法

直接找正法是用百分表、划针或目测在机床上直接找正工件,使其获得正确位置的一种方法。直接找正法的定位精度和找正的快慢,取决于找正精度、找正方法、找正工具和工人的技术水平。用此法找正工件往往要花费较多的时间,故多用于单件和小批量生产或位置精度要求特别高的工件。

2)划线找正法

划线找正法是在机床上用划针按毛坯或半成品上所划的线找正工件,使其获得正确位置的一种方法。由于受到划线精度和找正精度的制约,此法多用于批量较小、毛坯精度较低以及大型零件等不便使用夹具的粗加工中。

3）采用夹具定位法

采用夹具定位法是用夹具上的定位元件使工件获得正确位置的一种方法。工件定位迅速方便,定位精度也比较高,广泛用于成批和大量生产。

2. 六点定位原理

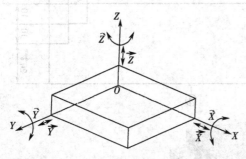

工件在定位以前,在空间坐标系中的任何运动都可看成是相对于该坐标系的六种运动的合成。把这六种运动的可能性称为六个自由度。工件在空间的六个自由度即沿 X、Y、Z 三个坐标方向的移动自由度 $\vec{X}$、$\vec{Y}$、$\vec{Z}$ 和绕 x、y、z 三个坐标轴的转动自由度 $\hat{X}$、$\hat{Y}$、$\hat{Z}$,如图 2-2 所示。因此,要完全确定工件的位置,就需要按一定的要求布置六个支撑点(既定位元件)来限制工件的六

图 2-2　工件在空间的自由度

个自由度,其中每个支撑点限制相应的一个自由度,这就是工件定位的"六点定位原理"。特别需要指出的是,工件形状不同,定位表面不同,定位点的布置情况也会不尽相同。

如图 2-3 所示的长方形工件,底面 A 放置在非同一直线的三个支承上(由几何常识得知,三点确定一个平面),限制了工件的 $\vec{Z}$、$\hat{X}$、$\hat{Y}$ 三个自由度(实际上可以抽象地认为是一个平面限制三个自由度);工件侧面 B 紧靠在沿长度方向布置的两个支承点上(两点确定一条直线),限制了 $\vec{Z}$、$\hat{X}$ 两个自由度(实际上可以抽象地认为是一条直线限制两个自由度);端面 C 紧靠在一个支承点上,限制了 $\hat{Y}$ 一个自由度(一个点限制一个自由度)。

图 2-4 所示为盘状零件的六点定位点的分布情况,底面放置在三个支承点上(注意:平面限制三个自由度),限制了 $\vec{Z}$、$\hat{X}$、$\hat{Y}$ 三个自由度;圆柱面靠在侧面的两个支承点上(注意:两个支承点不在一个平面上,所以以为每个平面一个支承点,每个支承点限制一个自由度),限制了 $\hat{X}$、$\hat{Y}$ 两个自由度;在槽的侧面放置了一个支承点,利用圆柱支承点的侧面限制了一个转动自由度,既围绕 Z 轴旋转的自由度。

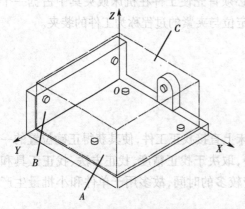

图 2-3　长方形零件的六点定位

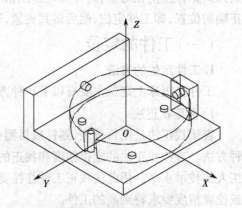

图 2-4　盘状零件的六点定位

3. 限制工件自由度与保证加工精度的关系

根据零件加工表面的不同加工要求,有些自由度对加工要求有影响,有些自由度对加

工要求没有影响。例如要铣削图 2-5 所示零件上的通槽，$\vec{X}$、$\vec{Z}$ 影响槽侧面与 B 面的平行度及尺寸(22 ± 0.1)mm 两项加工要求；$\hat{X}$、$\hat{Y}$、$\hat{Z}$ 三个自由度，影响槽底面与 A 面的平行度以及尺寸 $60_{-0.2}^{\ 0}$mm 两项加工要求；$\vec{Y}$ 自由度对于加工精度没有影响，故可以不加以限制。在工件定位时，对于影响加工精度的自由度必须加以限制，而对于加工精度没有影响的自由度可以不限制。

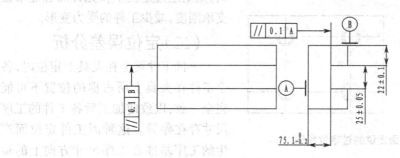

图 2-5 限制工件自由度与保证加工精度的关系

4. 完全定位与不完全定位

根据工件加工面的位置度（包括位置尺寸）要求，有时需要限制六个自由度，有时仅仅需要限制一个或几个（少于六个）自由度。工件的六个自由度完全被限制的定位称为完全定位，根据加工要求，允许有一个或几个自由度不被限制的定位称为不完全定位。在实际生产中，工件被限制的自由度数一般不少于三个。不过这里必须强调指出，有时为了使定位元件帮助承受切削力、夹紧力或为了保证一批工件的进给长度一致，常常对无位置尺寸要求的自由度也加以限制。

5. 过定位与欠定位

根据工件加工面位置尺寸以及形位公差要求必须限制的自由度而没有得到全部限制，或者说在完全定位和不完全定位中，约束点不足，这样的定位称为欠定位。欠定位是不允许的，因为欠定位不能够保证加工要求。例如图 2-5 中，如果 $\vec{X}$ 没有限制，尺寸(22 ± 0.1)mm 就无法保证；如果 $\hat{X}$ 与 $\hat{Y}$ 自由度没有限制，槽底面与 A 面的平行度就不能保证。

工件在定位时，同一个自由度被两个或两个以上的约束点约束，这样的定位被称为过定位（或称定位干涉）。过定位是否允许，应根据具体情况进行具体分析。一般情况下，如果工件的定位面为没有经过机械加工的毛坯面，或虽经过了机械加工，但仍然很粗糙，这时过定位是不允许的。如果工件的定位面经过了机械加工，并且定位面和定位元件的尺寸、形状和位置精度都加工得很准确，表面光滑，则过定位不但对工件加工面的位置尺寸影响不大，反而可以增强加工时的刚性，这时过定位是允许的。

图 2-6 为平面定位的情况。本来应该用三个支承钉，限制 $\hat{Z}$、$\hat{X}$、$\hat{Y}$ 三个自由度，但却采用了 4 个支承钉，出现了过定位情况。若工件的定位面尚未经过机械加工，表面仍然粗糙，则该定位面实际上只可能与三个支承钉接触，究竟与哪三个支承钉接触，与重力、夹紧力和切削力都有关，定位不稳。如果在夹紧力作用下强行使工件定位面与四个支承钉都接触，就只能使工件变形，产生加工误差。

为了避免上述过定位情况的发生，可以将四个平头支承钉改为三个球头支承钉，重新布置三个球头支承钉的位置。也可以将四个球头支承钉中的一个改为辅助支承。辅助支

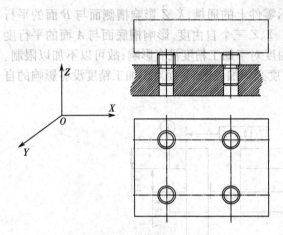

图2-6　平面定位的过定位举例

承只起支撑作用而不起定位作用。

如果工件的定位面已经过机械加工，并且定位面很平整、光滑。四个平头支承钉顶面又准确地位于同一个平面，则上述过定位不仅允许而且能增强支承刚度，减少工件的受力变形。

（二）定位误差分析

一批工件逐个在夹具上定位时，各个工件在夹具上所占据的位置不可能完全一致，以致使加工后各工件的工序尺寸存在差异。这种因工件定位而产生的工序基准在工序尺寸方向上的最大变动量，称为定位误差，用 Δ_D 表示。

1. 定位误差产生的原因

1）基准位移误差

一批工件定位基准相对于定位元件的位置最大变动量（或定位基准本身的位置变动量），称为基准位移误差，用 Δ_Y 表示。

例如，图2-7所示工件以孔及端面在卧放心轴上定位，经夹紧后铣平面 P。其中工序尺寸 A 是由工件相对刀具的位置决定的。刀具与心轴的相对位置按工序尺寸 A 确定后保持不变。由于工件内孔直径和定位心轴直径的制造误差和最小配合间隙，使定位基准（工件内孔轴心线）与定位心轴轴心线不重合，在工序尺寸 A 方向上产生位移，给工序尺寸 A 造成了误差，这个误差就是基准位移误差。其大小为定位基准的最大变动范围，即

$$\Delta_Y = A_{max} - A_{min} \tag{2-1}$$

式中　A_{max}——最大工序尺寸，mm；

　　　A_{min}——最小工序尺寸，mm。

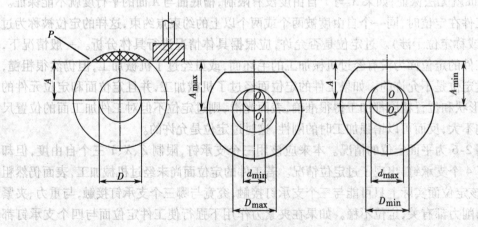

图2-7　基准位移误差

2）基准不重合误差

定位基准与设计基准不重合时所产生的加工误差，称为基准不重合误差。在工艺文

件上,设计基准已转化为工序基准,设计尺寸已转化为工序尺寸。这样,基准不重合误差就是定位基准与工序基准之间尺寸的公差,用 Δ_B 表示。

2. 定位误差的计算方法

工件的定位误差主要是由基准位移误差和基准不重合误差两部分构成的。具体求解定位误差时,可根据定位方案独立求得基准位移误差 Δ_Y 和基准不重合误差 Δ_B,然后再根据式(2-2)合成,从而求得定位误差 Δ_D,即

$$\Delta_D = \Delta_Y + \Delta_B \tag{2-2}$$

为方便合成,设 Δ_Y 始终为正,则确定 Δ_B 正负的原则如下:在力求使定位误差为最大的可能条件下,当由于基准位移误差和基准不重合误差均引起工件的距离尺寸(或相互位置公差)作相同方向变化(使同时增大或同时减小)时,则 Δ_B 取"+"号;反之,Δ_B 取"-"号。为简化判断,可牢记以下方法:当 Δ_B 与 Δ_Y 随彼此独立的不同要素变化而产生时,两者的合成只能相加;当 Δ_B 与 Δ_Y 随同一要素的同一变化条件而产生时,两者的合成视其对工序位置精度的作用效果,按同向相加、异向相减处理。

3. 常见定位方式的定位误差

(1)工件以圆柱面配合定位的基准位移误差。这种基准位移误差有定位副固定单边接触和定位副任意边接触两种情况。

①定位副固定单边接触。如图 2-7 所示,当心轴水平放置时,工件在重力作用下与心轴固定单边接触,因而有

$$\Delta_Y = OO_1 - OO_2 = \frac{D_{max} - d_{min}}{2} - \frac{D_{min} - d_{max}}{2} = \frac{D_{max} - D_{min}}{2} + \frac{d_{max} - d_{min}}{2}$$

$$= \frac{T_D - T_d}{2} \tag{2-3}$$

②定位副任意边接触。同样如图 2-7 所示,只不过,这时心轴是竖直放置的,工件不再因为重力作用与心轴固定边接触,而是可以与心轴任意边接触,因而有

$$\Delta_Y = D_{max} - d_{min} = (D_{max} - D_{min}) + (d_{max} - d_{min}) + (D_{min} - d_{max})$$

$$= T_D + T_d + X_{min} \tag{2-4}$$

式中　T_D——工件定位孔直径公差,mm;

T_d——定位心轴直径公差,mm;

X_{min}——定位孔与定位心轴间的最小配合间隙,mm。

(2)工件以外圆在 V 形架上定位时的定位误差。如图 2-8 所示,工件以外圆在 V 形架上定位,定位基准是工件外圆轴心线,因工件外圆柱面直径有制造误差,由此产生的工件在竖直方向上的基准位移误差为

$$\Delta_Y = OO_1 = \frac{\dfrac{d}{2}}{\sin \dfrac{\alpha}{2}} - \frac{\dfrac{d - T_d}{2}}{\sin \dfrac{\alpha}{2}} = \frac{T_d}{2\sin \dfrac{\alpha}{2}} \tag{2-5}$$

图 2-9 所示是工件以外圆在 V 形架上定位铣键槽的三种工序尺寸标注方法,其定位误差分别如下。

①当工序尺寸为 H_1 时,因为定位基准与工序基准重合,$\Delta_B = 0$,故

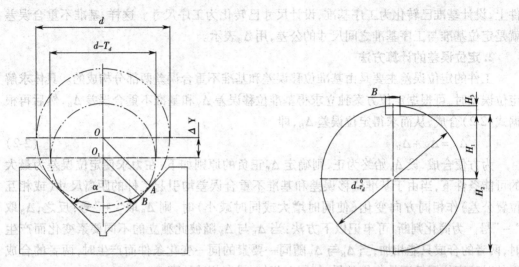

图2-8 工件以外圆在V形架上定位

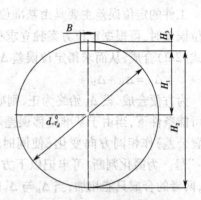

图2-9 轴类零件铣键槽的三
种工序尺寸标注的定位误差

$$\Delta_D = \Delta_Y = \frac{T_d}{2\sin\dfrac{\alpha}{2}} \tag{2-6}$$

②当工序尺寸为 H_2 时,工序基准为外圆柱面的下母线,与定位基准不重合,两者以 $d_{-T_d}^{\ 0}/2$ 相联系,所以 $\Delta_B = T_d/2$。定位误差 $\Delta_D = \Delta_Y + \Delta_B$。符号的确定:当定位基面直径由小变大时,定位基准朝上运动,使 H_2 变小;当定位基面直径由小变大时,假设定位基准不动,工序基准相对于定位基准向下运动,使 H_2 变大,两者变动方向相反,故有

$$\Delta_D = \Delta_Y - \Delta_B = \frac{T_d}{2\sin\dfrac{\alpha}{2}} - \frac{T_d}{2}$$

$$= \frac{T_d}{2}\left(\frac{1}{\sin\dfrac{\alpha}{2}} - 1\right) \tag{2-7}$$

③当工序尺寸为 H_3 时,工序基准为外圆柱面上母线,基准不重合误差仍然是 $\Delta_B = T_d/2$。符号的规定:当定位基面直径由小变大时,Δ_Y 和 Δ_B 都使 H_3 变大,故有

$$\Delta_D = \Delta_Y + \Delta_B = \frac{T_d}{2\sin\dfrac{\alpha}{2}} + \frac{T_d}{2} = \frac{T_d}{2}\left(\frac{1}{\sin\dfrac{\alpha}{2}} + 1\right) \tag{2-8}$$

(3)工件以一面两孔组合定位的基准位移误差。这种基准位移误差有移动的基准位移误差和转动的基准位移误差(转角误差)两种情况。

①移动的基准位移误差。该误差可按定位销垂直放置时计算,一般取决于第一定位副的最大配合间隙,即

$$\Delta_Y = X_{1max} = T_{D1} + T_{d1} + X_{1min} \tag{2-9}$$

式中　T_{D1}——与圆柱销配合的定位孔的直径公差,mm;

T_{d1}——圆柱销直径公差,mm;

X_{1min}——圆柱销与定位孔的最小配合间隙,mm;

X_{1max}——圆柱销与定位孔的最大配合间隙,mm。

②转动的基准位移误差(转角误差)。如图 2-10 所示,转动的基准位移误差取决于两定位孔与定位销的最大配合间隙 $X_{1\,max}$ 和 X_{2max}、中心距以及工件的偏转方向。

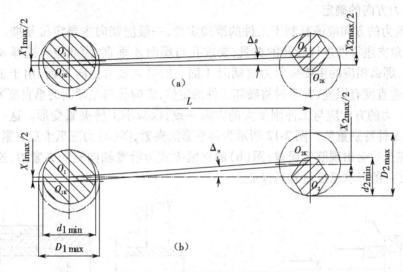

图 2-10　一面两孔定位的转角误差

当两孔偏转于两销同侧时(图 2-10(a)),其单边转角误差为

$$\Delta_\beta = \arctan \frac{X_{2max} - X_{1max}}{2L} \tag{2-10}$$

当两孔偏转于两销异侧时(图 2-10(b)),其单边转角误差为

$$\Delta_\alpha = \arctan \frac{X_{2max} + X_{1max}}{2L} \tag{2-11}$$

(三)工件的夹紧

在工件切削加工过程中,为保证工件定位时确定的位置正确,防止工件在切削力、离心力、惯性力、重力等作用下产生位移和振动,必须将工件夹紧。这种保证加工精度和安全生产的装置称为夹紧装置。

1. 夹紧装置的组成

接受和传递动力源的原始作用力并使其变为夹紧力的中间传力机构,它与夹紧元件一起称为夹紧机构。夹紧机构直接与工件夹紧表面接触并完成夹紧任务。中间传力机构有如下几个作用:

(1)改变原始力的大小,一般为增力机构;

(2)改变原始力的方向,斜楔夹紧即是其中之一;

(3)使夹紧力具有自锁性能,以保证夹紧的可靠性,对手动夹紧尤为重要。

2. 夹紧机构应满足的基本要求

(1)应保证定位准确,而不能破坏定位。

(2)夹紧后工件与夹具的变形应在允许的范围内。

（3）夹紧机构安全可靠，有足够的刚度和强度，手动夹紧有自锁，夹紧行程要足够。

（4）结构简单、制造和操作方便、快速和省力。

3. 夹紧力的确定

夹紧力包括方向、作用点和大小三个要素，这是夹紧机构设计中首先要解决的问题。

1）夹紧力方向的确定

（1）夹紧力的方向应该有利于工件的准确定位，一般应朝向主要定位基准。图 2-11 所示为对直角支座零件进行镗孔的夹具，要求孔与端面 A 垂直，因此应该选择 A 面为主要定位基准，那么相应的主要夹紧力应朝向 A 面。如果夹紧力指向 B 面，由于工件左端面与底面的垂直度有误差，夹紧时将破坏工件的定位，影响孔与左端面的垂直度要求。

（2）夹紧力的方向应与工件刚度大的方向一致，以减小工件夹紧变形。这一原则对于刚性差的工件特别重要。图 2-12 所示为薄壁套的夹紧，图（a）为三爪卡盘夹紧，易引起夹紧变形，镗孔后会出现圆度误差；图（b）的夹紧方式为沿着轴向施加夹紧力，这样变形会小得多，工件的形状精度就容易保证。

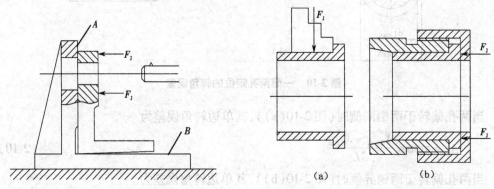

图 2-11　对直角支座零件进行镗孔的夹具　　　　图 2-12　薄壁套的夹紧

（a）三爪卡盘夹紧　（b）沿着轴向施加夹紧力

（3）夹紧力的方向应尽可能与切削力方向、重力方向等一致，以减小夹紧力。图 2-13（a）所示的情况是合理的，图 2-13（b）则不合理。

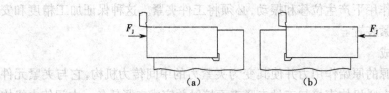

图 2-13　夹紧力与切削力的方向

（a）合理　（b）不合理

2）夹紧力作用点的选择

（1）夹紧力作用点应作用在支承元件所形成的支承面内，图 2-14 所示两种情况均破坏了定位。

（2）夹紧力作用点应位于工件刚性较好的部位，图 2-15（a）所示情况可造成工件底部较大变形，改进后情况如图 2-15（b）所示。

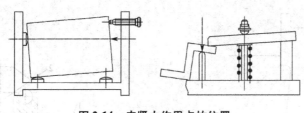

图 2-14　夹紧力作用点的位置

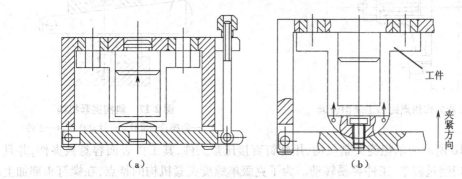

图 2-15　夹紧力的作用点与工件变形
（a）改进前　（b）改进后

（3）夹紧力作用点应尽量靠近工件加工表面。图 2-16 所示为在拨叉上铣槽,由于主要夹紧力的作用点距加工表面较远,故在靠近加工表面的地方设置了辅助支承,增加了夹紧力 F_J。这样提高了工件的装夹刚性,减少了加工过程中的振动。

3）夹紧力大小的估算

为保证夹紧的可靠性,在选择合适的夹紧装置以及确定机动夹紧装置的动力部件时,一般需要预先估算夹紧力的大小。

在估算夹紧力时,可将夹具和工件看成一个刚性系统,并假设工件在切削力、重力、惯性力和夹紧力作用下,处于静力平衡,然后列出平衡方程式,既可求出理论夹紧力。为使夹紧可靠,再乘以安全系数 K,即可得到实际所需的夹紧力。K 值在粗加工时取 2.5 ~ 3,精加工时取 1.5 ~ 2。

4. 典型夹紧机构

夹紧机构的种类繁多,但是最常用的夹紧机构主要有以下几种。

（1）斜楔夹紧机构。采用斜楔作为传力元件或夹紧元件的夹紧机构,称为斜楔夹紧机构。如图 2-17 所示,是利用斜楔夹紧机构夹紧两个圆柱工件。敲动斜楔的大端,使斜楔向右移动,迫使滑柱向下移动,滑柱带动浮动压板也向下移动,即可同时夹紧两个圆柱工件。加工完毕,敲动斜楔的小端,松开工件。

由于利用斜楔直接夹紧工件所产生的夹紧力较小,而且操作费时,故在实际使用时常与其他机构联合使用。

（2）螺旋夹紧机构。螺旋夹紧机构是斜楔夹紧机构的一种转化形式,螺纹相当于绕在圆柱体上的楔块。通过转动螺旋,使绕在圆柱体上的斜楔高度发生变化来实现工件夹紧。具体来说,由螺杆、螺母、垫圈、压板等元件组成的夹紧机构,称为螺旋夹紧机构。螺旋夹紧机构具有结构简单、夹紧力大、自锁性好以及容易制造等优点,是夹具上用得最多的一种夹紧机构。

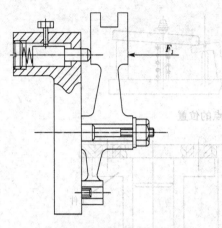

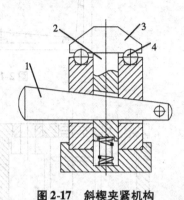

图 2-16　夹紧力作用点距加工表面较远

图 2-17　斜楔夹紧机构
1—斜楔；2—滑柱；3—浮动压板；4—工件

图 2-18 所示为单螺旋夹紧机构,用螺钉直接压紧工件,其工件表面容易被夹伤,并且在夹紧及切削过程中,工件容易转动。为了克服单螺旋夹紧机构的特点,在螺钉头部加上浮动压块,一般称之为带摆动压块的单螺旋夹紧机构,如图 2-19 所示。

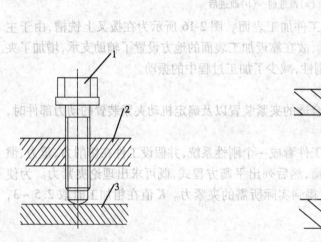

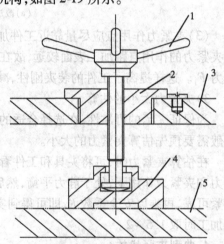

图 2-18　单螺旋夹紧机构
1—螺钉；2—夹具体；3—工件

图 2-19　带摆动压块的单螺旋夹紧机构
1—手柄；2—衬套螺母；3—夹具体；
4—浮动压块；5—工件

图 2-20 所示为典型的螺旋压板夹紧机构,其中图(a)为移动压板式螺旋夹紧机构,图(b)为铰链压板式螺旋夹紧机构。它们都是利用杠杆原理来实现夹紧作用的,由于这两种夹紧机构的夹紧点、支点和原动力作用点之间的相对位置不同,因此杠杆比不同,夹紧力也不同,图(b)所示的铰链压板式螺旋夹紧机构的增力倍数较大。

(3)偏心夹紧机构。使用偏心件直接或者是间接夹紧工件的机构称为偏心夹紧机构。偏心夹紧机构具有操作方便、夹紧迅速等优点,其缺点是夹紧力小、夹紧行程短。一般常用于切削力不大、振动小、没有离心力影响的切削加工中。

偏心夹紧机构由圆偏心轮、偏心轴和偏心夹紧机构构成。图 2-21 所示为圆偏心轮夹紧机构。当压下手柄时,圆偏心轮绕轴旋转,将圆柱面压在垫板上,反作用力同时将轴抬起,推动压板夹紧工件。

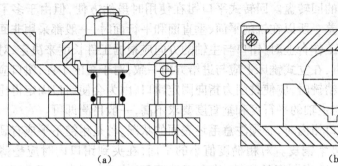

图2-20 螺旋压板夹紧机构

(a)移动压板式螺旋夹紧机构 (b)铰链压板式螺旋夹紧机构

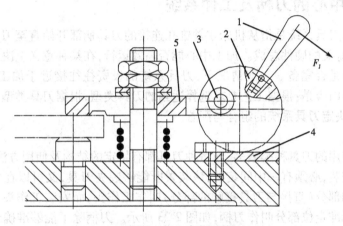

图2-21 偏心夹紧机构

1—手柄;2—圆偏心轮;3—偏心轴;4—垫板;5—压板

二、数控铣床/加工中心用铣平面夹具

平口虎钳又称机用虎钳(俗称虎钳),具有较大的通用性和经济性,适用于尺寸较小的方形工件的装夹。数控铣床常用平口钳如图2-22所示,常采用机械螺旋式、气压式或液压夹紧方式。

图2-22 平口钳

(a)螺旋加紧式通用平口钳;(b)液压式正弦规平口钳;(c)液压式精密平口钳

机械螺旋式平口钳有回转式和非回转式两种。当回转式平口钳需要将装夹的工件回转一定的角度时,可按回转底盘上的刻度线和钳体上的零位刻线直接读出所需的角度值。

非回转式平口钳没有下部的回转盘。回转式平口钳在使用时虽然方便,但由于多了一层结构,其高度增加,刚性较差。所以在铣削平面、垂直面和平行面时,一般都采用非回转式的平口钳。把平口钳装到工作台上时,钳口与主轴的方向应根据工件长度来决定,对于长的工件,钳口应与主轴垂直,在立式铣床上应与进给方向一致;对于短的工件,钳口应与进给方向垂直。在粗铣和半精铣时,应使铣削力指向固定钳口,因为会使钳口固定得比较牢固。在铣平面时,对钳口与主轴的平行度和垂直度要求不高,一般目测即可。

在把工件毛坯装到平口钳内时,必须注意毛坯表面的状况,若是粗糙不平或有硬皮的表面,就必须在两钳口上垫紫铜皮。对粗糙度值小的平面,在夹到钳口内时应垫薄的铜皮。为便于加工,还要选择适当厚度的垫铁,垫在工件下面,使工件的加工面高出钳口。高出的尺寸,以能把加工余量全部切完而不致切到钳口为宜。

三、加工中心的刀柄及工件系统

加工中心的刀具系统是指从机床主轴锥孔连接的刀具柄部开始直至刀具的切削刃部为止的,与切削有关的硬件总成。加工中心能否高效运行,在某种意义上决定于加工中心的刀具系统配备是否完备。一般情况下,刀具系统的投资往往接近于加工中心的投资。选择刀具系统的内容是:根据工艺要求选择适当的刀具类型;根据刀具类型与所使用的机床的规格、性能决定刀具系统的组合与配置。

1. 刀柄

加工中心使用的刀具种类繁多,而每种刀具都有特定的结构及使用方法,若要实现刀具在主轴上的安装,必须有一中间装置,该装置既能够装夹刀具,又可以在主轴上准确定位。装夹刀具的部分(直接与刀具接触的部分)叫作工作头,而安装工作头又直接与主轴锥孔相配合的标准定位部分叫作刀柄,如图 2-23 所示。刀柄除了能够准确地安装各种刀具外,还应满足在机床主轴上的自动松开和拉紧定位、刀具库中的存储和识别以及机械手的夹持和搬运等需要。刀柄的选用要和机床的主轴锥孔相对应。

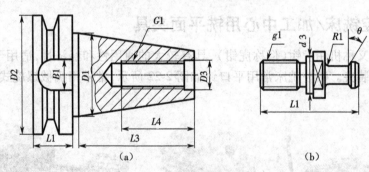

图 2-23　刀柄与拉钉

(a)刀柄　(b)拉钉

加工中心一般采用 7:24 的锥柄,这是因为这种锥柄不自锁,并且与直柄相比有更高的定心精度和刚度。刀柄要配上拉钉才能固定在主轴锥孔上。刀柄与拉钉都已经标准化和系列化,如图 2-23 和表 2-1、表 2-2 所示。刀柄型号主要有 30、40、45、50、60 等,目前的刀柄标准主要有 NT(传统型)、DIN 69871(德国标准)、ISO7388/1(国际标准)、MAS BT(日本标准)以及 ANSI/ASME(美国标准)。目前国内使用最多的是 DIN 69871 型(即 JT)和 MAS BT 型两种刀柄。对于型号相同的 DIN 69871 刀柄与 MAS BT 刀柄,它们的柄部锥度是相同的,大端直径也相同,但锥度长度有所不同。

表 2-1 刀柄尺寸

标准	规格	D1	D2	D3	L1	L3	G1
JT	40	φ44.45	φ63.55	φ17	15.9	68.4	M16
	45	φ57.15	φ82.55	φ21	15.9	82.7	M20
	50	φ69.85	φ97.5	φ25	15.9	101.75	M24
BT	40	φ44.45	φ63	φ17	25	65.4	M16
	45	φ57.15	φ82.55	φ21	30	82.8	M20
	50	φ69.85	φ100	φ25	35	101.8	M24

表 2-2 拉钉尺寸

标准	规格	L1	g1	d3	θ	
					形式 1	形式 2
ISO	40	54	M16	φ17	30°	45°
	45	65	M20	φ21	30°	45°
	50	74	M24	φ25	30°	45°
BT	40	60	M16	φ17	30°	45°
	45	70	M20	φ21	30°	45°
	50	85	M24	φ25	30°	45°

2. 工具系统

加工中心的工具系统是刀具与加工中心的连接部分,由工作头、刀柄、拉钉、接长杆(图 2-24)等组成,起到固定刀具及传递动力的作用。工具系统是能够在主轴与刀具之间进行交换的相对独立的整体。工具系统的性能往往影响到加工中心的加工效率、质量、刀具的寿命、切削效果。另外,加工中心使用的刀柄、刀具数量繁多,合理的调配工具系统对成本的降低也有很大意义。

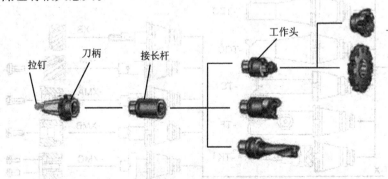

图 2-24 工具系统的组成

加工中心使用的工具系统是指镗铣类工具系统,可分为整体式与模块式两类。整体式工具系统把刀柄和工作头做成一体,使用时选用不同品种和规格的刀柄即可使用,优点是使用方便、可靠,缺点是刀柄数量较多。模块式工具系统是指刀柄与工作头分开,做成模块式,然后通过不同的组合而达到使用目的,减少了刀柄的个数。图 2-24 是典型的模块式刀柄结构。

我国为满足工业发展的需要,指定了镗铣类整体数控工具系统标准(简称"TSG 工具系统")和镗铣类模块式数控工具系统标准(简称"TMG 工具系统"),它们都采用 GB 10944—2013(JT 系列刀柄)中的刀柄为标准刀柄。考虑到事实上使用日本 MAS 403 刀柄的机床目前在我国数量较多,TSG 和 TMG 也将 BT 系列作为非标准刀柄优先进行推荐,即 TSG 和 TMG 系统也可按 BT 系列刀柄制作。TSG 工具系统的图谱如图 2-25 所示。表 2-3 为 TSG 工具系统的代码和含义。

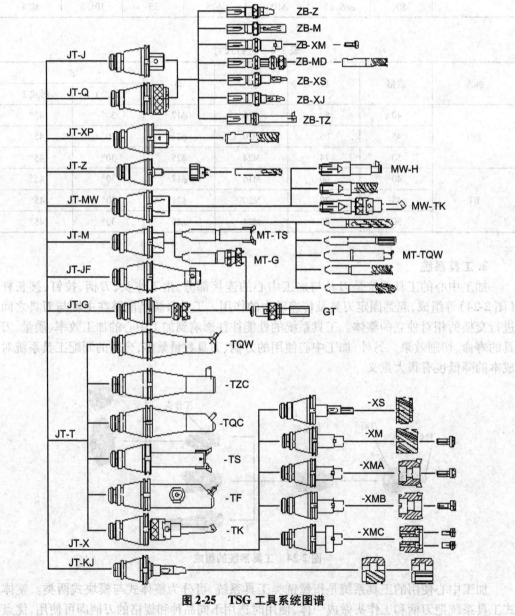

图 2-25　TSG 工具系统图谱

表2-3　TSG工具系统的代码和含义

代码	代码的含义	代码	代码的含义	代码	代码的含义
J	装接长刀杆用锥柄	KJ	用于装扩、铰刀	TF	浮动镗刀
Q	弹簧夹头	BS	倍速夹头	TK	可调镗刀
KH	7:24锥柄快换夹头	H	倒锪端面刀	X	用于装铣削刀具
Z（J）	用于装钻夹头（莫氏锥度注J）	T	镗孔刀具	XS	装三面刃铣刀
MW	装无扁尾莫氏锥柄刀具	TZ	直角镗刀	XM	装面铣刀
M	装有扁尾莫氏锥柄刀具	TQW	倾斜式微调镗刀	XDZ	装直角端铣刀
G	攻螺纹夹头	TQC	倾斜式粗镗刀	XD	装端铣刀
C	切内槽工具	TZC	直角形粗镗刀		

四、常用铣削刀具及选用

铣刀是一种在回转体表面上或端面上分布有多个刀齿的多刃刀具。它是在金属切削加工领域中应用十分广泛的一种刀具。铣刀的种类较多，主要用于在卧式铣床、立式铣床、数控铣床、加工中心机床上加工平面、台阶面、沟槽、切断、齿轮和成形表面等。

铣刀是多齿刀具，每一个刀齿相当于一把车刀，因此采用铣刀加工工件，生产效率高。铣刀属于粗加工和半精加工刀具，其加工精度为IT8～IT9，表面粗糙度 Ra 为1.6～6.3 μm。

1. 铣刀类型的选择

铣刀类型应与被加工工件的表面形状和尺寸相适应。加工较大的平面时，应选择端面铣刀；加工凹槽、较小的台阶面及平面轮廓时，应选择立铣刀；加工空间曲面、模具型腔或凸模成形表面时，多选用模具铣刀；加工键槽时，应选择键槽铣刀；加工变斜角零件的变斜角面时，应选用鼓形铣刀；加工各种直凹槽或圆弧形凹槽、斜角面、特殊孔等应选用成形铣刀。

由于在数控铣床上应用最广泛的铣刀是可转位端面铣刀和立铣刀，所以下面主要介绍端面铣刀和立铣刀的结构及应用。

（1）端铣刀。端铣刀主要用于加工平面、台阶面等，而主偏角为90°的端铣刀还能用于加工浅台阶。面铣刀的主切削刃分布在铣刀的圆柱面上或圆锥面上，副切削刃分布在铣刀的前端面上。

面铣刀按结构可以分为整体式面铣刀、硬质合金整体焊接式面铣刀、硬质合金机夹焊接式面铣刀和硬质合金可转位式面铣刀等形式。而应用最广泛的是硬质合金可转位面铣刀。

硬质合金可转位式面铣刀是将硬质合金可转位刀片直接装夹在刀体槽中，切削刃磨钝后，将刀片转位或更换新刀片即可继续使用，其典型结构如图2-26所示。由图可见，该机构刀片采用六点定位方法，即除了刀片底面由刀垫支撑限制了三个自由度外，其径向和轴向的三个自由度则分别由刀垫4上的两个支撑点和轴向支撑块2上的一个支撑点限制，从而控制了切削刃的径向和端面跳动量，使该刀片的重复定位精度为0.02～0.04 mm。

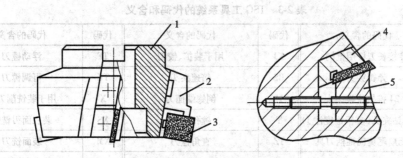

图 2-26 可转位式面铣刀的结构
1—刀体;2—轴向支撑块;3—刀片;4—刀垫;5—楔块

硬质合金可转位式铣刀与可转位式车刀一样,具有加工质量稳定,切削效率高,刀具寿命长,刀片调整、更换方便,刀片重复定位精度高等特点,适合于在数控铣床或加工中心上使用。

(2)立铣刀。立铣刀主要用于铣床上加工凹槽、台阶面、成形面等。立铣刀使用灵活,有多种加工方式。立铣刀按其构成方式可分为整体式、焊接式和可转位式三种;按其功能特点可分为通用立铣刀、键槽立铣刀、平面立铣刀、球头立铣刀、圆角立铣刀、多功能立铣刀、倒角立铣刀、T 形槽立铣刀等。表 2-4 所示为一般立铣刀种类及其典型应用场合。

表 2-4 立铣刀种类及典型应用

		通用立铣刀铣槽	通用立铣刀铣轮廓	球头铣刀铣圆弧槽	球头铣刀铣曲面
普通立铣刀与球头立铣刀	直柄普通立铣刀一般做成整体式,锥柄普通立铣刀一般为焊接式;键槽立铣刀与通用立铣刀的区别在于键槽铣刀有正负公差之分				
		铣削浅槽	铣削台阶	铣削平面	
铣台阶用立铣刀	此铣刀做成可转位式,刀片为硬质合金并可更换,加工效率高;主偏角为90°,能加工直角台阶				

可转位螺旋立铣刀(玉米铣刀)	此铣刀可转位刀片分布在铣刀螺旋槽上，各螺旋槽上的刀片交错排列，并有一定的搭接量，一个刀片只切除余量的一部分，所有刀片通过配合能切去全部余量；适合于粗加工；此外，它还可加工台阶和平面	粗铣槽	粗铣轮廓		
多功能立铣刀	多功能立铣刀可转位刀片为八角形，能用一把刀完成多个表面的加工，节省了刀具库空间及换刀时间	加工浅槽	加工台阶	加工平面	加工倒角
圆角立铣刀	圆角立铣刀可转位刀片为圆形，可进行零件底面与侧面过渡圆角的加工；通用立铣刀的刀尖也能磨出同样形状，进行曲面等部位的加工，且刚性要比相同圆角半径的球头铣刀高	加工槽	加工平面	加工曲面	
倒角立铣刀	倒角立铣刀的刀片为四边形，适合于加工45°的倒角	加工侧面槽	加工倒角	加工台阶或平面	

2. 选用数控铣刀时注意事项

（1）高速钢立铣刀多用于加工凸台和凹槽，最好不要用于加工毛坯面，因为毛坯面有硬化层和夹砂现象,会加速刀具的磨损。

(2)硬质合金立铣刀可用于加工凹槽、窗口面、凸台面和毛坯表面。

(3)表面加工余量较小,并且要求表面粗糙度较低时,应采用立方氮化硼刀片端铣刀或陶瓷刀片端铣刀。

(4)在数控机床上铣削平面时,应采用可转位硬质合金刀片铣刀。一般采用两次走刀,一次粗铣,一次精铣。当连续切削时,粗铣刀直径要小一些,以减小切削扭矩,精铣刀直径要大一些,最好能够包容待加工表面的整个宽度,避免接刀纹的出现。加工余量大且加工表面不均匀时,刀具直径要选小一些的,否则粗加工时会因接刀痕过深而影响加工质量。

(5)可转位螺旋立铣刀(玉米铣刀)可以进行强力铣削,常用来铣削毛坯表面或用圆弧插补对孔进行粗加工。

(6)在加工精度要求较高的凹槽时,可采用直径比槽宽小一些的立铣刀,先铣削槽的中间部分,然后利用数控机床的直线插补和刀具半径补偿功能往两边扩槽,直至达到槽的加工尺寸精度为止。

(7)在选择立铣刀铣削内轮廓时,铣刀半径 R 应小于零件内轮廓面的最小曲率半径 R_{min},一般取 $R = (0.8 \sim 0.9)R_{min}$。

(8)在用立铣刀铣削内轮廓或外轮廓时,应保证刀具有足够的刚度,一般应满足 $R > 0.2H$(R 为铣刀半径,H 为被加工轮廓面的最大高度)。

五、平面铣削工艺

在铣床上铣削平面的方法有两种,即周边铣削(俗称圆周铣)和端面铣削(俗称端铣)。

1. 周边铣削

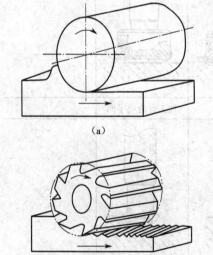

图2-27 周边铣削
(a)圆柱碾压成形平面(b)铣刀圆周铣削平面

周边铣削是指用铣刀周边齿刃进行的铣削。铣削平面时是利用分布在铣刀圆柱面上的切削刃来铣削并形成平面的,如图 2-27 所示。图 2-27(a)所示为假设有一个圆柱做螺旋运动,当工件在圆柱下做直线运动通过后,工件表面就被碾成一个平面。如图 2-27(b)所示为一把圆柱形铣刀(铣刀在旋转时可看做是一个圆柱),当工件在铣刀下面以直线运动做进给时,工件表面就被铣出一个平面来。由于圆柱形铣刀是由若干个切削刃组成的,不同于圆柱体,所以铣出的平面有微小的波纹。要使被加工的表面获得小的表面粗糙度值,工件的进给速度要慢一些,而铣刀的转速要适当加快一些。

用周边铣削的方法铣出的平面,其平滑度的好坏主要决定于铣刀的圆柱度,因此在精铣平面时要保证铣刀的圆柱度。

2. 端面铣削

端面铣削是指用铣刀端面齿刃进行的铣削。

铣平面时是利用分布在铣刀端面上的刀尖来形成平面的,如图 2-28 所示。用端面铣削的方法铣出的平面也有一条条刀纹,刀纹的粗细(即表面粗糙度值大小),也与工件的进给速度和铣刀的转速高低等许多因素有关。

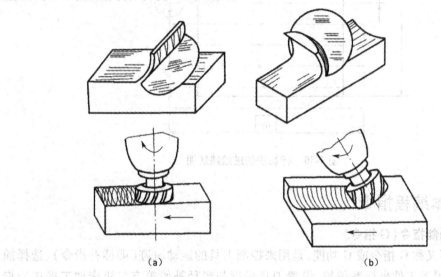

（a）　　　　　　　　　　　（b）

图 2-28　端面铣削

(a)刀具轴线与平面垂直端面铣削方式　(b)刀具轴线与平面倾斜端面铣削方式

用端面铣削的方法铣出的平面,其平面度的好坏,主要取决于铣床主轴轴线与进给方向的垂直度。若主轴与进给方向垂直,则刀尖旋转时的轨迹为一个与进给方向平行的圆环,这个圆环切割出一个平面,如图 2-28(a)所示。实际上,铣刀刀尖在工件表面会铣出网状的刀纹。若铣床主轴与进给方向不垂直,则相当于用一个倾斜的圆环,把工件表面切出一个凹面来,如图 2-28(b)所示。此时,铣刀刀尖在工件表面会铣出单向的弧形刀纹。

在铣削过程中,若进给方向是从刀尖高的一端移向刀尖低的一端时,则会产生"拖刀"的现象,如图 2-28(b)的下图所示;若进给方向是从刀尖低的一边移向高的一边,则无"拖刀"现象。图 2-29 所示是一般平面的加工图,图 2-30 所示为大平面采用行切法的进给路线图。

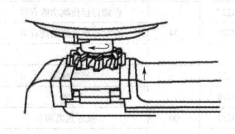

图 2-29　水平面加工

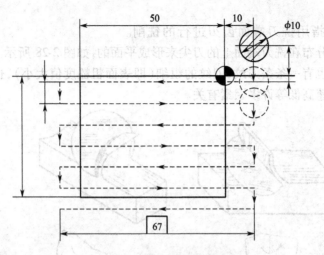

图 2-30　行切法的进给路线图

六、基本编程指令

1. 准备功能指令(G 指令)

准备功能又称 G 指令或 G 功能,是用来控制刀具的运动轨迹(即插补指令)、选择插补坐标平面、设置工件坐标系偏置、设置刀具长度与半径补偿等有关机床加工操作的指令。相关标准中规定,G 指令由字母 G 及其后面的两位数字组成,从 G00 到 G99 共有 100种代码。不同的数控系统,G 指令的功能可能会有所不同,FANUC 0i – MC 系统常用 G 指令如表 2-5 所示。

表 2-5　常用准备功能 G 代码

G 代码	分组	功能	G 代码	分组	功能
G00 *	01	快速点位移动	G17 *	02	选择 XY 平面
G01 *		直线插补	G18		选择 ZX 平面
G02		圆弧插补/螺旋线插补 CW	G19		选择 YZ 平面
G03		圆弧插补/螺旋线插补 CCW	G20	06	英寸输入
G04	00	暂停	G21		毫米输入
G05. 1		AI 先行控制/AI 轮廓控制			
G07. 1		圆柱插补	G22 *	04	存储行程检测功能有效
G08		先行控制	G23		存储行程检测功能有效
G09		准确停止			
G10		可编程数据输入	G27	00	回零检测
G11		注销可编程数据输入	G28		回零
G15 *	17	极坐标指令取消	G29		从零点返回
G16		极坐标指令	G30		返回第 2、第 3 和第 4 零点
			G31		跳转功能

续表

G 代码	分组	功能	G 代码	分组	功能
G33	01	螺纹切削	G65	00	宏程序调用
G37	00	自动刀具长度测量	G66	12	宏程序模态调用
G39		拐角偏置圆弧插补	G67 *		宏程序模态调用取消
G40 *	07	取消刀具半径补偿	G68	16	坐标系旋转
G41		刀具半径左补偿	G69 *		坐标系旋转取消
G42		刀具半径右补偿	G73	09	排屑钻孔循环
G43	08	正向刀具长度补偿	G74		左旋攻丝循环
G44		负向刀具长度补偿	G76		精镗循环
G45	00	刀具偏置值增加	G80 *		取消固定循环
G46		刀具偏置值减小	G81		钻孔循环
G47		2 倍刀具偏置值	G82		钻孔循环
G48		1/2 刀具偏置值	G83	09	排屑钻孔循环
G49 *	08	刀具长度补偿取消	G84		攻丝循环
G50 *	11	比例缩放取消	G85		镗孔循环
G51		比例缩放有效	G86		镗孔循环
G50.1 *	22	可编程镜像取消	G87		背镗循环
G51.1		可编程镜像有效	G88		镗孔循环
G52	00	局部坐标系设定	G89		镗孔循环
G53		选择机床坐标系	G90 *	03	绝对坐标编程
G54 *	14	选择工件坐标系 1	G91 *		增量坐标编程
G54.1		选择附加工件坐标系	G92	00	工件坐标系设定
G55		选择工件坐标系 2	G92.1		工件坐标系预置
G56		选择工件坐标系 3	G94 *	05	每分进给
G57		选择工件坐标系 4	G95		每转进给
G58		选择工件坐标系 5	G96	13	主轴恒线速度控制
G59		选择工件坐标系 6	G97 *		主轴恒线速度控制取消
G60	00	单一方向定位	G98 *	10	固定循环返回到初始点
G61	15	准确停止方式	G99		固定循环返回到 R 点
G62		自动拐角倍率			
G63		攻丝方式			
G64 *		切削方式			

注：1. 00 组 G 代码中，除了 G10 和 G11 以外其他的都是非模态 G 代码。

2. 标有 * 号的 G 代码是数控系统上电时的初始状态，其中 G01 和 G00、G90 和 G91 上电时的初始状态由参数决定。

3. 如果程序中出现了未列在表中的 G 代码，CNC 会显示 10 号报警。

4. 可以在同一程序段中指令多个不同组的 G 代码。如果在同一程序段中指令了多个同组的 G 代码，最后出现的一个(同组的)G 代码有效。

5. 如果在固定循环中指令了 01 组的 G 代码，则固定循环被取消，这与指令 G80 的状态相同。

1）绝对坐标编程（G90）及增量坐标编程（G91）

数控系统的位置/运动控制指令可以采用两种坐标方式进行编程，即绝对坐标编程与增量坐标编程。

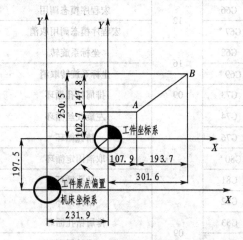

图2-31 平面加工零件

（1）绝对坐标编程指令（G90）。该指令表示后继程序中的所有编程尺寸是按绝对坐标值给定的，即刀具位置坐标都以一个固定的程序原点为基准。根据零件图样所标注尺寸的相对关系及零件在机床夹具上的安装位置，使用 G92 或 G54～G59 指令来设定一个工件绝对坐标原点，在 G90 所起作用的程序段中的所有编程尺寸都按这一原点来给定。例如图2-31 中从 A 到 B 的直线插补指令，用绝对坐标编程时应为

    G90   G01   X301.6   Y250.5 ；

一般数控系统在初始状态（开机时状态）时自动设置为 G90 绝对值编程状态。

（2）增量坐标编程指令（G91）。该指令表示程序中的编程尺寸是按照相对坐标给定的，即每一坐标运动的终点坐标值是相对该坐标运动的起点坐标给定的。如图2-31 中从 A 走到 B 的直线插补指令用增量坐标编程时应为

    G91   G01   X193.7   Y147.8 ；

2）工件坐标系设定指令（G92）

在使用绝对坐标编程时，先要用指令 G92 来设定机床坐标系与工件坐标系的关系（设定工件编程坐标系）。当工件随夹具安装到机床上时，也就确定了工件原点与机床原点之间的关系，即确定了机床原点在工件编程坐标系上的坐标值，这一坐标值用"G92 X ___ Y ___"的指令来设定，并把设定的坐标值寄存在数控系统的存储器内。例如图2-31中，如果从机床原点快速定位（点定位）到刀具切削起点 A，再从 A 点切削到 B 点，绝对坐标编程的程序应为

    N0001   G92   X－231.9   Y－197.5 ；   数控系统执行该指令时，机床并不产生运动，只把坐标设定值送入存储器

    N0005   G17 G90 G00   X107.9   Y102.7 ；   数控系统执行该指令时，系统将存储器内的坐标设定值与工件坐标系中给定的编程坐标相叠加，因此，X 轴的实际位移量是 339.8 mm，Y 轴的实际位移量是 300.2 mm

    N0010   G01   X301.6   Y250.5   F ___ ；

增量坐标编程的程序应为

    N0001   G17 G91 G00   X339.8   Y300.2 ；

    N0005   G01   X193.7   Y147.8；

第一个工件加工完后,需要测量工件的尺寸加工精度,如果是由于工件在机床上的安装位置不准确而导致零件产生某种加工误差,这时不需要改变工件的安装位置,对于绝对坐标编程,只要修改 G92 所设定的坐标值,就可以补偿加工误差。对于相对坐标编程方式,需要修改加工起始点的坐标。

3）零点偏置设定指令（G54～G59）

一般数控系统除了可以使用 G92 来设定工件坐标系外,还可以使用 G54～G59 预先设定六个工件坐标系。这些坐标系存储在机床存储器内,在机床重开机时仍然存在,在程序中可以任意选择一个或几个工件坐标系使用。这六个工件坐标系都是以机床原点为参考点,分别以各自与机床原点的偏移量表示,需要在程序运行前输入数控系统。在使用中应该注意 G92 与 G54～G59 的区别,G54～G59 是程序运行前设定好的坐标系,而 G92 是在程序中设定的坐标系。假如在程序中使用了 G54～G59 指令,就没有必要在程序中再使用 G92 指令了,否则 G54～G59 将被 G92 所取代。

4）平面选择指令（G17、G18、G19）

平面选择指令是指在加工时,如果要进行圆弧插补,要规定加工所在的平面,用 G17、G18、G19 指令来进行平面选择,如图 2-32 所示。G17 选择 XY 平面,G18 选择 ZX 平面,G19 选择 YZ 平面。

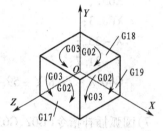

图 2-32　坐标平面设定示意图

5）快速定位指令（G00）

G00 在程序中一般用于快速接近工件切削起点,加工完成后快速离开工件以及快速返回机床换刀点等。G00 的运动速度不受程序控制,在程序中不需要设定。它以数控系统中有关参数所设定的速度快速运动。在快速移动将要接近定位点时,通过 1～3 级降速以实现精确定位。

G00 仅仅实现定位功能,对实际所走的运动轨迹也不作严格要求,同时在运动过程中不可以进行切削加工。快速定位指令的运动轨迹因具体的数控系统不同而异,一般有如下两种情况。

（1）非直线插补型定位:各个坐标轴独立用快速进给来定位,刀具轨迹通常不能成为直线。

（2）直线插补型定位:刀具的轨迹和直线插补一样（G01）,不超过各个坐标轴的最快进给速度,用最短时间来定位。

G00 的指令格式为

　　　G00　X＿Y＿Z＿；

6）直线插补指令（G01）

G01 指令表示刀具以给定的进给速度（切削进给速度 F）从当前位置沿直线移动到指令给出的目标位置。指令格式为

　　　G01　X＿Y＿Z＿F＿；

其中:X、Y、Z 后的值为指令目标点的坐标;F 后的值为直线插补的进给速度。

例如:

　　　G01　X10.　Y50.　Z50.　F100.　；

使刀具从当前位置以 100 mm/min 的进给速度沿直线移动到（10,50,50）的位置。

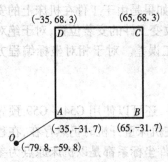

图 2-33　直线插补指令的应用

G01 为模态指令,如果上一个程序段使用了 G01,则本程序段中的 G01 可以省略不写。同样 X、Y、Z 坐标值也具有持续有效性,即如果本程序段的 X(Y 或 Z)坐标值与上一程序段的 X(Y 或 Z)坐标值相等,则本程序段的 X(Y 或 Z)坐标值可以省略不写。F 指定的进给速度也具有持续有效性。

图 2-33 所示为已知待加工工件轮廓,立铣刀直径为 φ18 mm,刀具起始点为(-79.8, -59.8),采用绝对编程方式,其程序如下:

G01 G42 D01 X -35. Y -31.7 F100. ;	从起刀点 O 以 100 mm/min 的进给速度沿直线移动到点 A 并建立刀具半径右补偿
X65. ;	从点 A 沿直线运动到点 B
Y68.3 ;	从点 B 沿直线运动到点 C
X -35. ;	从点 C 沿直线运动到点 D
Y -31.7 ;	从点 D 沿直线运动到点 A
G40 X -79.8 Y -59.8 ;	从点 A 沿直线运动到点 O,同时取消刀具补偿

7)圆弧插补指令(G02、G03)

对两轴联动或三轴两两联动的数控机床,只能在主平面上进行圆弧插补。主平面由 G17、G18、G19 来设定,如图 2-32 所示。G02 为顺时针圆弧插补指令,G03 为逆时针圆弧插补指令。G02 与 G03 都是模态指令。G02 与 G03 一般有两种编程格式,既可以采用给定圆心坐标尺寸编程,也可以采用给定圆弧半径值编程(如果对整圆插补编程则只能用给定圆心坐标的方式编程),如表 2-6 所示。

表 2-6　G02 与 G03 两种编程方式

主平面	给定圆心坐标编程	给定圆弧半径编程
XY 平面	G17　G02(或 G03)　X_Y_I_J_F_	G17　G02(或 G03)　X_Y_R+/-_F_
XZ 平面	G18　G02(或 G03)　X_Z_I_K_F_	G18　G02(或 G03)　X_Z_R+/-_F_
YZ 平面	G19　G02(或 G03)　Y_Z_J_K_F_	G19　G02(或 G03)　Y_Z_R+/-_F_

表 2-6 程序中 X、Y、Z 是圆弧的终点坐标,增量坐标编程时是圆弧终点相对于圆弧起点的坐标。I、J、K 为圆弧的圆心坐标值,大多数数控系统定义为圆心相对于圆弧起点的相对坐标值。R 是圆弧的半径,一般数控系统为满足插补运算需要,规定当所插补圆弧小于或等于 180°时,在程序段中用正半径来表示,而当圆弧大于 180°时,在程序段中用负半径来表示。其原理可以用图 2-34 来说明。如果 A_0 是圆弧的起始点,A_1 是圆弧的终点,则对于同一个圆弧半径,有四段圆弧通过这两个点。很显然用 G02、G03 是不能够唯一的描述这样四段圆弧的,只有使用正负半径的方

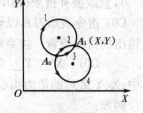

图 2-34　相同半径的四种不同圆弧

法,用方向(G02/G03)及 R(+ / -)的符号的组合,来唯一地识别每一段圆弧。这样,圆弧半径的程序设计格式如下:

圆弧1　G02　X ___ Y ___ R - ___
圆弧2　G02　X ___ Y ___ R + ___
圆弧3　G03　X ___ Y ___ R + ___
圆弧4　G03　X ___ Y ___ R - ___

其中,X ___ Y ___为圆弧的终点坐标。

如果用给定圆弧半径编程方式编制整个圆的插补程序,由于此时圆弧的起始点与圆弧的终点相重合(经过一点,不给定半径可以做出无限个圆),可以得到无限个解,数控系统将显示圆弧编程出错,故对于整个圆的插补编程只能用给定圆心坐标的编程方式。

8)刀具半径补偿指令(G41、G42、G40)

(1)刀具半径补偿功能。在数控机床上进行轮廓的铣削加工时,由于刀具半径的存在,刀具中心轨迹与工件轮廓不重合。在编制零件加工程序的时候,如果没有或者是没有使用刀具半径补偿功能,则程序编制将变得非常麻烦。实际的编程尺寸不能够用图纸给定的轮廓尺寸,而必须计算出刀具中心的轮廓轨迹尺寸,而且当刀具磨损、重磨或更换新刀而使刀具直径变化时,必须重新计算刀心轨迹。但是如果使用了

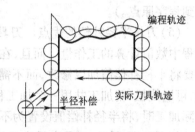

图 2-35　刀具半径补偿

刀具半径补偿功能,在实际编程时就可以直接按加工工件轮廓编程,在程序中给出刀具半径补偿指令,而不必再计算刀具中心的运动轨迹。如图 2-35 所示,实际的刀具中心运动轨迹与工件轮廓(编程轨迹)有一个偏移量,这个偏移量等于刀具半径。刀具半径补偿功能使得编制加工程序简单了。数控系统可以根据刀具补偿指令以及补偿值来确定具体的补偿方向与补偿大小,自动计算出实际刀具中心轨迹,并按照刀具中心轨迹来运动。

(2)指令格式如下。

$$\begin{Bmatrix} G17 \\ G18 \\ G19 \end{Bmatrix} \begin{Bmatrix} G00 \\ \\ G01 \end{Bmatrix} \begin{Bmatrix} G41 \\ \\ G42 \end{Bmatrix} \begin{Bmatrix} X \_\_ Y \_\_ \\ Z \_\_ X \_\_ \\ Y \_\_ Z \_\_ \end{Bmatrix} D \_\_$$

取消模式:

$$\begin{Bmatrix} G00 \\ \\ G01 \end{Bmatrix} G40 \begin{Bmatrix} X \_\_ Y \_\_ \\ Z \_\_ X \_\_ \\ Y \_\_ Z \_\_ \end{Bmatrix}$$

其中:G41 为刀具半径左补偿(沿着刀具前进的方向观察,刀具中心轨迹偏移在工件轮廓的左边指令;G42 为刀具半径右补偿(沿着刀具前进的方向观察,刀具中心轨迹偏移在工件轮廓的右边指令;G40 为取消刀具半径补偿指令;D 为刀具半径补偿寄存器地址字,在寄存器中存有刀具半径补偿值。G41 与 G42 都是模态指令,机床开机时的初始状态为 G40。

(3)平面选择(G17、G18、G19)。在进行刀具半径补偿前,必须用 G17、G18、G19 指定补偿是在哪个平面上进行(例如:当执行 G17 命令之后,刀具半径补偿仅影响 X、Y 轴移

动,而对 Z 轴没有作用)。在多轴联动控制中,投影到补偿平面上的刀具轨迹受到补偿,平面选择的切换必须在补偿方式取消的情况下进行,如果在补偿方式下进行平面选择切换,则会发生报警。

(4)补偿编号和补偿值。现代 CNC 系统一般都设置有若干(16,32,64 或更多)个可编程刀具半径偏置寄存器,并对其进行编号,专供刀具补偿之用。在使用时可以在数控系统操作面板上调出刀具补偿画面,设定补偿值,补偿值与补偿编号相对应。在编程时只需调用所需刀具半径补偿值所对应的寄存器编号即可,加工时,CNC 系统将该编号对应的刀具半径偏置寄存器中存放的刀具补偿值取出,对刀具中心轨迹进行补偿计算,生成实际的刀具中心运动轨迹(注意:刀具半径补偿值需要在加工或试运行之前设定在补偿寄存器中;D 代码是续效代码;刀具半径补偿必须在程序结束之前取消,否则刀具中心将不能回到程序原点。)。

(5)刀具半径补偿的优点。刀具半径补偿功能可以简化编程,可以减少在程序编制过程中数值计算的工作量。而且,在实际的加工中,刀具的磨损是不可避免的,此时,仅仅需要将半径补偿值加以修改,而不需要修改程序,如图 2-36 所示。利用刀具半径补偿功能,可以使粗、精加工共用一个加工程序。程序是依照工件的精加工轮廓尺寸编制的,在实际加工时,将半径补偿值设置为不同的数值,即可以利用相同的程序完成粗加工与精加工。如图 2-37 所示,刀具半径为 R,精加工余量为 Δ。粗加工时,输入刀具半径补偿为 $R+\Delta$,则加工出点划线轮廓;精加工时,使用同一程序、同一刀具,但输入刀具补偿为 R,则加工出实线轮廓。

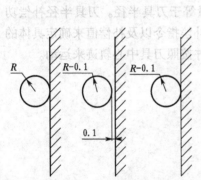

刀具未磨损,　　刀具磨损0.1,　　修正刀具补偿,
补偿值为 R　　　补偿值为 R　　　补偿值为 $R-0.1$

图 2-36　刀具半径补偿用于刀具磨损

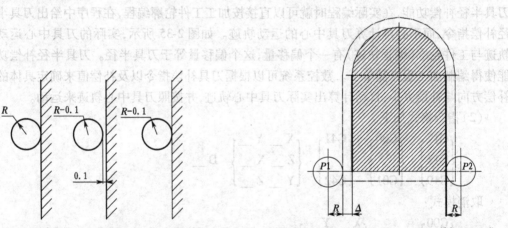

$P1$—粗加工刀心位置,刀具　　　$P2$—精加工刀心位
补偿为 $R+\Delta$,Δ 为精加工余量　　置,刀具补偿为 R

图 2-37　利用刀具半径补偿进行粗、精加工

(6)补偿值的设定。

粗加工补偿值:

$$C = A + B$$

精加工补偿值:

$$C = A$$

其中,A 为刀具半径;

　　B 为精加工余量;

　　C 为刀具补偿值。

(7)刀具半径补偿的执行过程。刀具半径补偿的执行过程分为三步:刀具半径补偿的建立、刀具半径补偿状态、刀具半径补偿的取消。

①刀具半径补偿的建立。刀具半径补偿的建立过程就是在刀具由起点接近工件开始,刀具中心从与编程轨迹重合过渡到与编程轨迹偏离一个刀具半径值的过程。以 Mazatrol 数控系统为例,当系统建立刀具半径补偿(G41 或 G42)时,刀具中心一般可分为以下两种情况:当本程序段与下段的编程轨迹是非缩短型方式(当两个要进行刀具补偿的轨迹在转接处工件内侧所形成的角度 θ 大于 180 度而小于等于 360 度时,刀具补偿转接类型为缩短型;反之,为非缩短型)时,刀具中心将移至本程序段终点的刀具矢量半径顶点,如图 2-38 中的 A 点,其中粗实线为零件轮廓线,点划线为刀具中心轨迹;当本程序段与下段的编程轨迹是缩短方式时,刀具中心将移至下段程序起点的刀具矢量半径顶点,如图 2-39 中的 A 点。

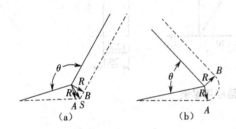
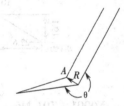

图 2-38　非缩短型刀具补偿的建立　　　　图 2-39　缩短型刀具补偿的建立
(a)θ>90°　(b)θ<90°

②刀具半径补偿状态。当建立了刀具半径补偿以后,就进入了刀具半径补偿状态,在此状态下指令 G00、G01、G02 和 G03 都可使用。在执行刀具半径补偿时需要预先读入五个程序段进行刀具半径补偿计算,即按照刀具半径补偿建立阶段的补偿矢量建立方法,计算出每个程序段沿刀具前进方向左侧(或右侧)偏移一个补偿值的刀具半径补偿矢量路径。

③刀具半径补偿的撤销。其实刀具半径补偿的撤销是刀具半径补偿建立的逆过程,此时只能用指令 G01 或 G00,而不能够用指令 G02 或 G03。同样,撤销刀具补偿时刀具中心的移动也可以分为两种情况:当本程序段与下段编程轨迹是非缩短型方式时,刀具中心将自下段(即刀具半径补偿撤销程序段,含有 G40 的程序段)起点处刀具半径矢量的顶点(如图 2-40 中的 B 点,其中粗实线为零件轮廓线,点划线为刀具中心轨迹)移动至编程轨迹终点;当本程序段与下段编程轨迹是缩短型方式时,刀具中心将直接移动到本段编程轨迹终点处刀具半径矢量顶点(如图 2-41 中的 B 点),再移动至下段编程轨迹的终点。

加工如图 2-42 所示零件外轮廓,选用 φ10 mm 的立铣刀,刀号为 T01,刀具半径补偿号为 D01,刀具长度补偿号为 H01(刀具长度补偿在下一节会讲到),粗加工,每边留有 3 mm 的余量,其加工程序如下:

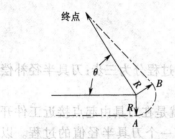

图2-40 非缩短型刀具补偿的撤销

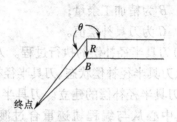

图2-41 缩短型刀具补偿的撤销

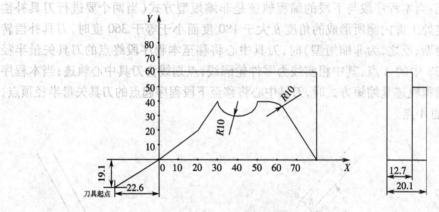

图2-42 刀具半径补偿应用举例

```
N0001   T01 M6 ;
N0002   G00 G90 G54 X - 22. 6 Y - 19. 1 Z150. ;
N0003   G01 G43 H01 Z5. F3000 ;
N0004   G01 G41 D01 X - 10. 0 Y - 10. 0 F300 ;
N0005   G01 Z - 7. 4 F100 ;
N0006   G01 X20. Y20. ;
N0007   X30. Y40. ;
N0008   G03 X50. Y40. I10. J0 ;
N0009   G01 X54. 732
N0010   G02 X63. 77 Y34. 279 R10. ;
N0011   G01 X80. Y0;
N0012   X - 8. Y0;
N0013   G00 Z50. ;
N0014   G01 G40 X - 22. 6 Y - 19. 1 F300 M5;
N0015   M30;
```

9) 刀具长度补偿指令(G43、G44、G49)

刀具长度补偿指令用于刀具轴向的补偿,使用刀具长度补偿可以使刀具在 Z 方向上的实际位移量大于或小于程序的给定值。应用刀具补偿指令,可以简化编程时的计算,编程时可以假定标准刀具长度为零,这样可以设置偏置量为刀具的实际长度,刀具更换或磨损后,只需要修改偏置值,而不需要改变程序,应用非常方便。

(1)刀具长度补偿原理。加工中心在实际加工运行时,由于加工不同的工艺表面,需要使用不同的加工刀具,这就需要经常在主轴与刀具库之间交换刀具。但是,每一把刀具的实际长度是不同的,这样给工件坐标系的设定带来了困难。可以想象,当按照第一把刀具的实际长度设定了工件坐标系,第一把刀具可以正常切削工件,而另换一把稍长的刀具后,在工件坐标系不变的情况下零件将被过切削;相反,更换较短的刀具,将使零件产生欠切削。为了解决上述问题,可以采用如下几种方法。

①在设定工件坐标系时,让主轴锥孔基准面与工件坐标系 XY 平面($Z=0$)理论上重合,在使用每一把刀具时可以让机床按刀具长度升高一段距离,使刀尖正好在工件坐标系 XY 平面($Z=0$)上,这段长度就是刀具长度补偿值,如图 2-43(a)所示。刀具长度补偿值可以在刀具预调仪或自动测长装置上测出。

②在设定工件坐标系时,使用一把基准刀具(基准刀具可以在刀具库中任意指定,但钻头类刀具长度便于测量,故优先选择其作为基准刀具),使基准刀具的刀尖正好与工件坐标系 XY 平面($Z=0$)重合,在使用每一把刀具时可以让机床按照刀具实际长度与基准刀具长度的差值升高一段距离,使刀尖正好在工件坐标系 XY 平面($Z=0$)上,这段差值就是刀具长度补偿值,如图 2-43(b)所示。

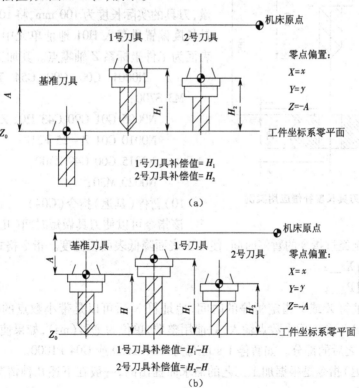

图 2-43　长度补偿原理
(a)刀具长度补偿模式 1　(b)刀具长度补偿模式 2

(2)刀具长度偏置指令。

G43:正向偏置,即把刀具向上补偿。

G44：负向偏置，即把刀具向下补偿。

G49：取消刀具补偿（在 Z 轴回原点后使用比较安全）。

图 2-43（a）中钻头用 G43 指令向上补偿了 H_1，铣刀用 G43 指令向上正向补偿了 H_2。

（3）刀具补偿指令格式。

$$\begin{Bmatrix} G43 \\ G44 \end{Bmatrix} \begin{Bmatrix} G00 \\ G01 \end{Bmatrix} Z \_\_ H \_\_ ;$$

其中：H 为刀具长度补偿寄存器地址字。与刀具半径补偿类似，H 后面指定的地址中存储着刀具长度值，在加工前，需要将所使用的每一把刀具的长度输入数控系统中（注意：在进行刀具长度补偿时，刀具要有 Z 轴移动。G43、G44 是模态指令，机床初始状态是 G49）。

如果在补偿中要进行零点返回，那么系统将先取消刀具长度补偿，然后再执行零点返回。在同一程序段内，如果既有运动指令，又有刀具长度补偿指令，机床首先执行的是刀具长度补偿指令，然后再执行运动指令。

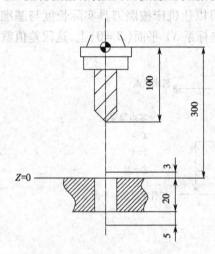

图 2-44　刀具长度补偿应用实例

如图 2-44 所示，在编程时设定标准刀具长度为零，即以主轴端部为编程参考点（即采用图 2-43（a）所示的长度补偿原理的方法）。经过测量，刀具的实际长度为 100 mm，将 100 mm 作为刀具长度偏置量存入 H01 地址单元中，并设零件上表面为工件坐标系 Z 轴零点。其加工程序为

　　N0001　G00　G90　G54　X0　Y0　Z300 M3 S700；

　　N0005 G01 G90 G43 H01 Z3 F5000；

　　N0010 G01 Z－25 F210；

　　N0015 G00 G49 Z300；

　　N0020 M30；

10）暂停（延迟）指令（G04）

该指令可以使刀具做短时间（几秒钟）无进给光整加工，直至经过指令的暂停时间，使加工表面降低表面粗糙度。指令格式为

$$G04 \begin{cases} X \_\_ ; \\ P \_\_ ; \end{cases}$$

其中，地址符 X 或 P 指定暂停的时间，地址符 X 后可以是带小数点的数，单位为秒（s）。地址符 P 不允许用小数点输入，只能用整数，单位为毫秒（ms），如果使用小数，系统将忽略小数点之后的部分。如暂停 1 s 可写为 G04 X1.0 或 G04 P1000。

暂停（延迟）指令是根据加工工艺的需求而提出的，一般在下述几种情况下需要使用暂停（延迟）指令。

（1）对易不通孔做深度控制时，在刀具进给到规定的深度后，需要用暂停指令停 1～2 s，然后再退刀，这样可使孔底平整。

（2）镗孔完毕要退刀时，为了避免在已加工孔面上留下退刀螺旋状刀痕而影响已加工孔表面质量，一般应使主轴停转，并暂停 1～3 s，待主轴完全停转后再退出镗刀。

2. 辅助功能指令(M 指令)

辅助功能指令又称 M 指令或 M 代码。这类指令的作用是控制机床或数控系统的辅助功能动作,如冷却泵的开、关,主轴的正转、反转,程序结束等。通常在一个程序段中,只能出现一次 M 代码,否则机床将报警。M 指令由字母 M 和其后两位数字组成,从 M00 ~ M99 共 100 种。不同的数控系统,M 指令的功能可能会有所不同,FANUC 0i-MC 系统常用 M 指令如表 2 - 7 所示。

表 2-7 辅助功能代码

M 代码	功　　能	M 代码	功　　能
M00	程序停止	M08	冷却液开
M01	选择停止	M09	冷却液关
M02	程序结束	M19	主轴定向
M03	主轴正转	M30	程序结束并返回程序头
M04	主轴反转	M98	调用子程序
M05	主轴停止	M99	子程序结束返回
M06	刀具交换		

1)程序停止指令(M00)

在完成该程序段的其他指令后,使主轴转动、进给运动、冷却液等均停止,以便执行某一固定的手动操作。在加工过程中往往需要停机检查、测量工件尺寸,或者手动换刀、手动变速等,便可使用该指令。程序停止后,需要重新按动循环启动按钮,才能继续执行程序。

2)计划停止指令(M01)

该指令与 M00 基本相似,所不同的是,只有在任选停止键被按下时,M01 才有效,否则机床并不理会 M01 指令,仍旧不停地继续执行后续的程序段。该指令常用于工件关键尺寸的停机抽样检查等情况,当检查完成后,按循环启动按钮,继续执行后继指令。

3)程序结束指令(M02)

该指令表示程序结束,编写在最后一条程序段中,表示工件已经加工完毕。它使主轴、进给、冷却都停止,并使机床处于复位状态。

4)主轴控制指令(M03、M04、M05)

M03 控制主轴顺时针方向转动;M04 控制主轴逆时针方向转动;M05 控制主轴停止。M05 在该程序段其他指令执行完毕后才执行停止,一般在主轴停止的同时,进行制动和关闭冷却液。

5)切削液控制指令(M07、M08、M09)

M07 指令控制 2 号切削液(雾状)打开。M08 指令控制 1 号切削液(液状)打开。M09 指令控制切削液关闭(冷却泵停止工作)。

6)换刀指令(M06)

该指令为手动或自动换刀指令,并不包括刀具选择,选择刀具用 T 功能字。

自动换刀的一种情况是由刀架转位实现的(如数控车床和转塔钻床),它要求刀具调整好后安装在转塔刀架上,换刀指令可以实现主轴停止、刀架脱开、转位等动作;自动换刀的另一种情况是由"机械手—刀具库"来实现的(加工中心),换刀过程分为换刀和选刀两类动作,换刀用 M06,选刀用 T 功能字。

手动换刀指令 M06 用来显示待换刀号。对显示换刀号的数控机床,换刀是手动实现的。程序中应该安排程序停止指令 M00,并且在程序中指定换刀点或者在参数中设定第二参考点(换刀点),手动换刀后再启动机床开始运行。

7)程序结束指令(M30)

M30 指令也用于程序的结束。虽然与 M02 相似,但是 M30 可以使程序返回到开始状态。如果数控系统还配有纸带阅读机,M30 指令还可以控制纸带倒带,使纸带返回到程序开始部分。

3. 主轴功能指令(S 指令)

主轴转速指令用来指定主轴的旋转速度,用字母 S 和它后面的 2～4 位数字表示。S 功能指令数字一般采用直接指定法,也可采用二位代码法。主轴转速指令属于续效指令。另外,主轴的转向要用辅助指令 M03(正向)、M04(反向)指定,停止用 M05 指令。主轴转速指令有恒转速(单位为 r/min)和表面恒线速度(单位为 m/min)两种运转方式。

对于有恒线速度控制功能的机床,还要用 G96 或 G97 指令配合 S 代码来指定主轴的速度。G96 为恒线速度控制指令,如 G96 S160 表示切削速度为 160 m/min;G97 S1800 表示注销 G96,主轴转速为 1 800 r/min。

4. 进给功能指令(F 指令)

进给功能指令 F 用来指定刀具相对于工件的进给速度(如果是单轴运动则 F 所指定的速度就是单轴的运动速度;如果是多轴的复合运动,则 F 所指定的速度为多轴的复合矢量速度),单位为 mm/min。在螺纹切削中,实际进给速度要受到所加工螺纹导程的约束。即进给速度与主轴转速被固定的关系所约束,F 用于指定螺纹导程,单位为 mm/r。F 功能指令由地址符及其后面的数字表示,数字表示进给速度值。该指令是续效代码,它一般有两种表示方法。

1)二进制代码法

二进制代码法是用 F00～F99 表示 100 种进给速度,在 F01～F98 的各级进给速度可以按照等比数列排列,公比为 $\sqrt[20]{10} = 1.12$,速度值的计算方法是:以 $\sqrt[20]{10}$ 为底,以二位代码为幂次。例如 F40 表示进给速度为 $(\sqrt[20]{10})^{40} = 100$ mm/min。

2)直接指定法

直接指定法 F 后面跟的数字就是进给速度大小,例如 F128 表示进给速度就是 128 mm/min。这种指定方法较为直观,故现在大多数数控机床均采用这种方法。根据数控机床的进给功能,它也有切削进给速度和同步进给速度两种速度表示法。

(1)切削进给速度(每分钟进给量)以每分钟进给距离的形式指定刀具切削进给速度。对于直线轴如 F1765 表示每分钟进给速度是 1 765 mm,对于回转轴如 F16 表示每分钟进给速度为 16°。

F 指令与 G98 指令相组合,用于设定每分钟刀具的进给量,F 的单位是以 mm/min 表示的,如:

　　G98　G01　Z - 10.0 F100

该程序段表示刀具每分钟进给量的值为 100 mm,即进给速度为 100 mm/min。

　　(2)同步进给速度(每转进给量)同步进给速度即是由主轴每转进给量规定的进给速度,如 0.01 mm/r。只有主轴上装有位置编码器的机床,才能实现同步进给速度。

　　F 指令与 G99 指令相组合,用于设定每转进给量值。如:

　　G99　G01　Z - 10.0 F0.2;

该程序段表示主轴每转一转时,刀具进给 0.2 mm,即进给速度为 0.2 mm/r。

5. 刀具功能指令(T 指令)

在具有自动换刀功能的数控机床中,该指令用来选择所需的刀具,和自动换刀指令 M06 配合使用,为自动换刀做好选刀的准备工作。

任务实施

　　加工如图 2-1 所示工件,假设基准 A 面及四周外侧面都已在普通铣床上加工完成,现要在数控铣床/加工中心上加工上表面及右侧台阶面,保证每个阶梯面距离基准 A 面的距离分别为 20 mm、30 mm 和 40 mm,且满足图纸标注形位公差和表面质量要求。

　　◆ 实施条件

　　配备 FANUC 0i - MC 系统的数控铣床/加工中心若干台,ϕ125 mm 面铣刀、ϕ16 mm 立铣刀、游标卡尺、平口虎钳等。

　　◆ 工艺分析

　　1. 刀具的选择

　　1)面铣刀选择

　　工件上表面宽 80 mm,平面宽度不大,拟用直径比平面宽度大的面铣刀单次铣削平面,平面铣刀最理想的宽度应为材料宽度的 1.3 ~ 1.6 倍。故这里选用 ϕ125 mm 面铣刀比较合适(125: 80≈1.5),当刀具中心偏离工件的中心时,刀具与工件的两边都有一定的重叠,如图 2-45 所示。选用标准 ϕ125 mm 数控硬质合金可转位面铣刀(GB/T 5342—2006),选择刀齿数为 8(细齿)。

　　2)面铣刀的铣削起点、终点及刀路

　　选定铣刀直径后,便可考虑起点和终点位置了。出于安全考虑,刀具需要在工件外有足够的安全间隙处 Z 向进给至加工深度,并确定刀具沿 X 轴(水平)从右到左方向切削。

　　如图 2-45 所示,选择工件零点(X0,Y0)在工件对称线的右端。本任务工件长度为 120 mm,刀具半径为 62.5 mm,选择安全间隙为 12.5 mm,所以起点的 X 位置为 X = 62.5 + 12.5 = 75。

　　当 Y = - 10 时,刀具中心偏离工件的中心,刀具超出工件边线 32.5 mm,是刀具直径的 25% 左右。刀具直径的 1/4 ~ 1/3 超出工件两侧,可以得到适当的刀齿切入角,并基本保证顺铣方式(实际上顺铣中通常也混有一部分逆铣,这是平面铣削中的正常现象)。如图 2-45 所示,最终确定起点(X75,Y - 10)和终点(X - 195,Y - 10)。

　　3)立铣刀选择

　　粗精加工第二、三个阶梯面时,选用 ϕ16 mm 立铣刀。

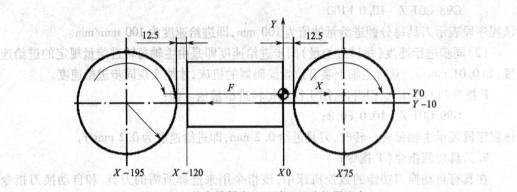

图2-45　单次铣削中平面铣刀刀路位置设定

2. 加工路线

(1)粗、精加工工件上表面,保证零件的总厚度。

(2)利用层进法粗铣第一个阶梯面,留0.2 mm的余量。

(3)利用层进法粗铣第二个阶梯面,留0.2 mm的余量。

(4)精加工第二个阶梯面,保证 $20_{0}^{+0.06}$ 尺寸。

(5)精加工第一个阶梯面,保证阶梯面的高度尺寸。

3. 切削用量的选用

(1)加工工件上表面时,设面铣刀分两次铣削到指定的高度,粗铣切深4 mm,留有1 mm的精加工余量。粗铣时,因面铣刀有八个刀齿($Z=8$),为刀齿中等密度铣刀,选$f_z=0.12$,则$f=8 \times 0.12=1$;参考$V=55 \sim 105$ m/min,综合其他因素选$V=62.5$ m/min,则主轴转速 $n=\dfrac{62.5 \times 1\,000}{3.14 \times 125} \approx 159$ r/min,计算进给速度 $F=f_z \times Z \times S=1 \times 159=159$ mm/min。

精铣时,为保证表面质量$Ra3.2$,选$f=0.6$,参考$V=55 \sim 105$ m/min,综合切深小,进给量下,切削力小的因素,选$V=100$ m/min,则主轴转速 $n=\dfrac{100 \times 1\,000}{3.14 \times 125} \approx 255$ r/min,计算进给速度 $F=f_z \times Z \times S=0.6 \times 255=153$ mm/min。

(2)粗铣第一、二个阶梯面时,选用进给速度$F=60$ mm/min,切削深度$a_p=10$ mm,主轴转速$n=350$ r/min。

(3)精铣第一、二个阶梯面时,选用进给速度$F=90$ mm/min,主轴转速$n=400$ r/min。

◆程序编制

选择工件上表面为程序原点($Z0$),XY方向坐标原点如图2-45所示,参考程序如表2-8所示。

表2-8　零件加工程序

00001		程序名
程序段号	程序段内容	程序段含义解释
N5	G54 G90 G21 G49 G40 G80;	系统初始化;G54 设定工件坐标系;公制编程;取消刀具长度补偿;取消刀具半径补偿;取消固定循环模式
N10	G00 X200.0 Y200.0 Z250.0;	快速定位至安全换刀点

续表

程序段号	程序段内容	程序段含义解释
N15	T01 M06;	换 1 号刀具,ϕ125 mm 面铣刀
N20	S159 M3;	主轴正转,转速为 159 r/min
N25	G00 X75.0 Y−10.0;	快速定位至切削起始点
N30	G01 G43 H01 Z1.0 F1000;	Z 方向调用 1 号刀具长度补偿,并下刀至粗铣深度
N35	G01 X−195.0 F159;	粗铣上平面
N40	G00 Z20.0;	Z 方向抬刀
N45	S255 M3;	准备精铣上平面,主轴转速为 255 r/min
N50	G00 X75.0 Y−10.0;	快速定位至切削起始点
N55	G01 Z0 F1000;	Z 方向下刀至精铣深度
N60	G01 X−195.0 F153;	粗铣上平面
N65	G00 Z200.0;	Z 方向快速退刀
N70	G00 G49 Z250.0;	取消刀具长度补偿
N75	G00 X200.0 Y200.0 Z250.0;	快速定位至安全换刀点
N80	T02 M06;	换 1 号刀具,ϕ16 mm 立铣刀
N85	S350 M3;	主轴正转,转速为 350 r/min
N90	G00 X−11.8 Y−53.0 M08;	快速定位至第 1 阶梯面的起刀点, $X = -20 + 8$(铣刀半径) $= -12$,考虑立铣刀尺寸通常为正偏差,故 X 坐标为 -11.8,在 Y 方向铣削一部分后,根据测量值,再在 X 方向进刀;$Y = -40 - 8$(铣刀半径)-5(安全裕量)$= -53$
N95	G01 G43 H02 Z−9.8 F1000;	粗铣第一个阶梯面,留精铣余量 0.2 mm
N100	G01 Y40.0 F60;	Y 方向进给铣削,粗铣第一阶梯面
N105	X0;	X 方向进给铣削
N110	Y−53.0;	Y 方向进给铣削
N115	X−1.8;	X 定位至第二阶梯面的起刀点,$X = -10 + 8$(铣刀半径)$= -2$,考虑立铣刀尺寸通常为正偏差,故 X 坐标为 -1.8,在 Y 方向铣削一部分后,根据测量值,再在 X 方向进刀
N120	Z−19.8;	粗铣第二个阶梯面,留精铣余量 0.2 mm;粗铣第 2 阶梯面时,要注意测量与基准面 A 的距离,在保证 $20_{0}^{+0.06}$ 尺寸的基础上留 0.2 mm 加工余量
N125	Y53.0;	Y 方向进给铣削
N130	S400 M3;	主轴正转,转速为 400 r/min
N135	Z−20.0;	精铣第二阶梯面,进刀至深度,要注意测量与基准面 A 的距离,保证 $20_{0}^{+0.06}$ 尺寸,可以通过调整刀具长度补偿来补偿加工误差
N140	X−1.9;	要测量,保证 $10_{0}^{+0.05}$ 尺寸
N145	Y−43.0 F90;	Y 方向进给铣削,铣削第二阶梯面
N150	Z−10.0;	Z 方向抬刀,铣削第一阶梯面
N155	X−11.9;	要测量,保证 $10_{0}^{+0.05}$ 尺寸

续表

程序段号	程序段内容	程序段含义解释
N160	Y43.0;	Y 方向进给测量，铣削第一阶梯面
N165	G00 G49 Z250.0 M09;	Z 方向退刀，取消刀具长度补偿，关闭切削液
N170	M30	程序结束

◆加工操作

1. 加工准备

(1)阅读零件图，并检查坯料的尺寸。

(2)机床开机、回参考点。

(3)输入程序并检查该程序。

(4)安装夹具，夹紧工件；首先手动切削 A 面，精加工基准面后，再以平口虎钳定位，用百分表将虎钳的固定钳口侧面找正放平，然后钳口处利用标准块垫平。

2. 对刀，设定工作坐标系

(1)X、Y 方向对刀。

通过寻边器进行对刀，得到 X、Y 零点偏置值，并输入 G54 中。

(2)Z 方向对刀。

Z 方向对刀参阅前面基础知识。

3. 程序校验

把工件坐标系的 Z 值朝 Z 轴正方向平移 50 mm，方法是在工件坐标系参数 G54 中向 Z 轴正方向偏移 50 mm（如：G54 中原来 Z 坐标偏置为 -213.0；向上偏移 50 mm 后，应为 -163.0），然后运行程序，并适当降低进给速度，检查刀具运动是否正确。

4. 工件加工

把工件坐标系的 Z 偏置值恢复原值，将进给速度打到抵挡，按下循环启动按钮。机床加工时适当调整主轴转速和进给速度，保证加工正常。

5. 尺寸测量

程序执行完毕后，返回到设定高度，机床自动停止。用百分表检查阶梯面的平面度是否在要求的范围内，用游标卡尺检查阶梯面的高度和宽度是否合格，合理修改补偿值，再加工，直至合格为止。

6. 结束加工

松开夹具，卸下工件，清理机床。

◆检验评分

将对学生任务完成情况的检测与评价填入表 2-9 中。

表 2-9　平面加工检测评价表

序号	检查项目	检查内容及要求	配分	学生自检	教师检测	得分
1	确定工艺	1. 选择装夹与定位方式	10			
		2. 选择刀具				
		3. 确定加工路径				
		4. 选择合理切削用量				

续表

序号	检查项目	检查内容及要求	配分	学生自检	教师检测	得分
2	编制程序	1. 编程坐标系设置合理	10			
		2. 指令使用与程序格式正确				
3	安全文明	1. 安全操作	10			
		2. 设备维护与保养				
4	规范操作	1. 开机前检查、开机、回零	10			
		2. 工件装夹与对刀				
		3. 程序输入与校验				
5	加工精度	第一个阶梯面的宽度尺寸$10^{+0.05}_{0}$正确	10			
6		第二个阶梯面的宽度尺寸$10^{+0.05}_{0}$正确	10			
7		第二个阶梯面距基准面 A 的距离尺寸$20^{+0.06}_{0}$正确	10			
8		$\boxed{//\ \ 0.08\ \ A}$ 形位公差符合要求	10			
9		$\boxed{\square\ \ 0.06}$ 形位公差符合要求	10			
10	表面粗糙度	$Ra3.2$	10			
综合评价						

◆ **任务反馈**

在任务完成过程中,分析是否出现表 2-10 中误差项目,分析产生原因并提出解决措施。

表 2-10　平面加工出现误差项目、产生原因及解决措施

失误项目	产生原因	解决措施
宽度尺寸$10^{+0.05}_{0}$超差	1. 编程坐标不正确	
	2. 刀具 X 方向对刀不准	
	3. 刀具磨损	
高度尺寸$20^{+0.06}_{0}$超差	1. 编程坐标不正确	
	2. 刀具 Z 方向对刀不准	
	3. 刀具磨损	
形位公差超差	1. 工件装夹不平行	
	2. 主轴与工作台有垂直度误差	
表面粗糙度 $Ra3.2$	1. 主轴转速及进给速度不合理	
	2. 刀具磨损	
撞刀	1. 机床未回零	
	2. 刀具对刀不正确	
	3. 操作不当	
	4. 程序输入错误	

任务二　轮廓加工

任务描述

　　加工如图 2-46 所示的零件，其材料为 45 号钢，以中间 $\phi30$ 孔定位加工外形轮廓，假设用 $\phi8$ mm 的三齿立铣刀进行精加工。

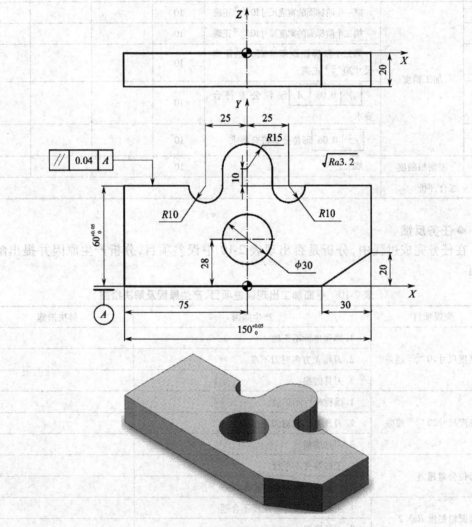

图 2-46　外轮廓加工零件图

技能目标

• 能够选择合适的切削用量，合理选择铣削刀具。

• 掌握数控铣床/加工中心铣削轮廓的工艺设计。

• 掌握数控铣床/加工中心铣削外轮廓的方法。

• 具有用数控铣床/加工中心加工外轮廓的实践能力。

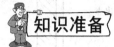 知识准备

一、轮廓铣削加工路线分析

1. 外轮廓铣削加工路线分析

当铣削平面零件外轮廓时,一般采用立铣刀侧刃铣削(图2-47)。

为保证零件的加工精度和表面粗糙度,刀具切入工件时,应避免沿零件外轮廓的法向切入,而应沿外轮廓曲线延长线的切向切入,以避免在切入处产生刀具的刻痕而影响表面质量,保证零件外轮廓曲线平滑过渡。同理,在切离工件时,也应避免在工件的轮廓处直接退刀,而应该沿零件轮廓延长线的切向逐渐切离工件,如图2-48所示。

图2-47 立铣刀

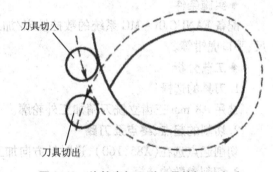

图2-48 外轮廓加工时刀具的切入、切出

2. 内轮廓铣削加工路线分析

铣削封闭的内轮廓表面时,若内轮廓曲线允许外延,则应沿切线方向切入、切出。如内轮廓曲线不允许外延(图2-49),则刀具只能沿内轮廓曲线的法向切入、切出,此时刀具的切入切出点应尽量选在内轮廓曲线两极和元素的交点处。当内部几何元素相切无交点时,如图2-50(a)所示,取消刀补会在轮廓拐角处留下凹口,应使刀具切入、切出点远离拐角,如图2-50(b)所示。

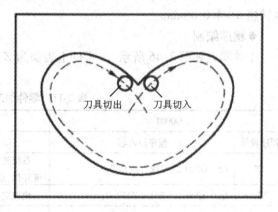

图2-49 内轮廓加工时刀具的切入、切出

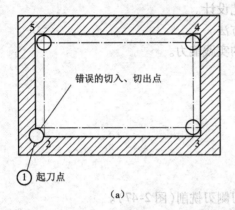
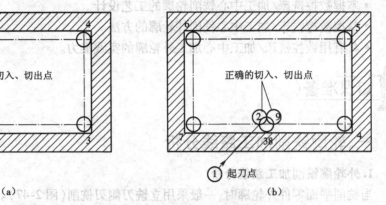

（a）   （b）

图 2-50 无交点内轮廓加工刀具的切入和切出

（a）错误的切入、切出点 （b）正确的切入、切出点

 任务实施

◆**实施条件**

配备 FANUC 0i – MC 系统的数控铣床/加工中心若干台，ϕ8 mm 三齿立铣刀、游标卡尺、平口虎钳等。

◆**工艺分析**

1. 刀具的选择

选用 ϕ8 mm 三齿立铣刀精加工外轮廓。

2. 切削的起点、终点及刀路

切削起点选在（X85，Y60），逆时针方向加工，切削终点选在（X75，Y65）。

3. 切削参数的选择

选在 T01 号刀具（ϕ8 mm 三齿立铣刀）精加工外轮廓，进给速度 $F = 100$ mm/min，主轴转速 $n = 400$ r/min。

◆**程序编制**

工件零点如图 2-46 所示，取零件上表面为 Z 轴零点，参考程序如表 2-11 所示。

表 2-11 零件加工程序

	O0001	程序名
程序段号	程序段内容	程序段含义解释
N5	G54 G90 G21 G49 G40 G80；	系统初始化；G54 设定工件坐标系；公制编程；取消刀具长度补偿；取消刀具半径补偿；取消固定循环模式
N10	G00 X200.0 Y200.0 Z250.0；	快速定位至安全换刀点
N15	T01 M06；	换 1 号刀具，ϕ8 mm 三齿立铣刀
N20	S400 M3；	主轴正转，转速为 400 r/min
N25	G00 X85.0 Y60.0 M08；	快速定位至切削起始点，打开切削液

续表

00001		程序名
程序段号	程序段内容	程序段含义解释
N30	G01 G43 H01 Z –21.0 F1000;	Z 方向调用 1 号刀具长度补偿,并下刀至铣削深度
N35	G01 G42 D01 X76.0 Y60.0 F100;	引入刀具半径补偿,并移动至 XY 平面的切削起始点,进给速度为 100 mm/min
N40	G01 X35.0 Y60.0;	直线插补至(35,60)
N45	G02 X15.0 Y60.0 R10.0;	顺时针圆弧插补至(15,60),由于圆弧所对圆心角等于 180°,故 R 为正值
N50	G01 Y70.0;	直线插补至(15,70)
N55	G03 X –15.0 Y70.0 R15.0;	逆时针圆弧插补至(–15,70)
N60	G01 Y60.0;	直线插补至(–15.0,60)
N65	G02 X –35.0 Y60.0 R10.0;	顺时针圆弧插补至(–35,60)
N70	G01 X –75.0;	直线插补至(–75,60)
N75	G01 Y0;	直线插补至(–75,0)
N80	G01 X45.0;	直线插补至(45,0)
N85	G01 X75.0 Y20.0;	直线插补至(75,20)
N90	G01 Y65.0;	直线插补至(75,65),刀具切出工件
N95	G01 G40 X80.0 Y70.0;	取消刀具长度补偿
N100	G00 G49 Z250.0 M09;	Z 方向退刀,取消刀具长度补偿,关闭切削液
N105	M30	程序结束

总结:使用 G41、G42 刀具半径补偿功能加工外轮廓时,直接利用图样基点坐标进行编程即可,在 D01 中输入刀具半径,使程序通用于各种尺寸的刀具加工(但刀具尺寸与几何拓扑结构发生干涉),同时也节省了计算量。

◆加工操作

1. 加工准备

(1)阅读零件图(图 2-46),并检查坯料的尺寸。

(2)机床开机、回零。

(3)输入程序并检查该程序。

(4)安装夹具,夹紧工件;用和虎钳定位,用百分表将虎钳的固定钳口侧面找正放平,然后钳口处利用标准快垫片。

由于此零件的特殊性,该零件的外周轮廓都有铣削,故该零件的毛坯要特殊处理,如图 2-51 所示,加工完外轮廓后,再将地面的工艺凸台铣掉即可。否则,要用压板固定,铣削过程中还要移动压板。

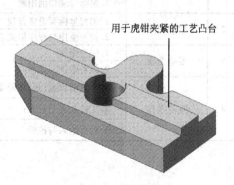

用于虎钳夹紧的工艺凸台

图 2-51 虎钳夹紧方案

2. 对刀,设定工作坐标系

1)X、Y方向对刀

通过寻边器进行对刀,得到X、Y零点偏置值,并输入 G54 中。

2)Z方向对刀

Z方向对刀参阅前面基础知识。

3. 输入刀具补偿值

把刀具的半径补偿值输入到对应的半径补偿单元 D01 中。

4. 程序校验

把工件坐标系的Z值朝Z轴正方向平移 50 mm,方法是在工件坐标系参数 G54 中向Z轴正方向偏移 50 mm(如 G54 中原来Z坐标偏置为 -213.0;向上偏移 50 mm 后,应为 -163.0),然后运行程序,并适当降低进给速度,检查刀具运动是否正确。

5. 工件加工

把工件坐标系的Z偏置值恢复原值,将进给速度打到抵挡,按下循环启动按钮。机床加工时适当调整主轴转速和进给速度,保证加工正常。

6. 尺寸测量

程序执行完毕后,返回到设定高度,机床自动停止。用游标卡尺检查外轮廓的尺寸是否合格,合理修改补偿值,再加工,直至合格为止。铣削外轮廓时,刀具半径补偿值开始应设置得大一些,否则就有可能直接把尺寸铣小了,也没办法修整了。

7. 结束加工

松开夹具,卸下工件,清理机床。

◆ **检验评分**

将对学生任务完成情况的检测与评价填入表 2-12 中。

表 2-12　外轮廓加工检测评价表

序号	检查项目	检查内容及要求	配分	学生自检	教师检测	得分
1	确定工艺	1.选择装夹与定位方式	10			
		2.选择刀具				
		3.确定加工路径				
		4.选择合理切削用量				
2	编制程序	1.编程坐标系设置合理	10			
		2.指令使用与程序格式正确				
3	安全文明	1.安全操作	10			
		2.设备维护与保养				
4	规范操作	1.开机前检查、开机、回零	10			
		2.工件装夹与对刀;				
		3.程序输入与校验				

序号	检查项目	检查内容及要求	配分	学生自检	教师检测	得分
5		$60^{+0.05}_{0}$ 尺寸加工正确	20			
6	加工精度	$150^{+0.05}_{0}$ 尺寸加工正确	20			
		⊥ | 0.04 | A 　形位公差符合要求	10			
9	表面粗糙度	$Ra3.2$	10			
	综合评价					

◆任务反馈

在完成任务的过程中,分析是否出现了表 2-13 中所示的误差项目,分析产生原因并提出解决措施。

表 2-13　外轮廓加工出现误差项目、产生原因及解决措施

失误项目	产生原因	解决措施
$60^{+0.05}_{0}$ 尺寸超差	1. 编程坐标不正确	
	2. 刀具磨损	
$150^{+0.05}_{0}$ 尺寸超差	1. 编程坐标不正确	
	2. 刀具磨损	
垂直度超差	1. 工件装夹不平行	
	2. 主轴与工作台有垂直度误差	
表面粗糙度 $Ra3.2$	1. 主轴转速及进给速度不合理	
	2. 刀具磨损	
撞刀	1. 机床未回零	
	2. 刀具对刀不正确	
	3. 操作不当	
	4. 程序输入错误	

固定循环指令

项目 三

　　熟悉与了解数控机床的固定循环指令是掌握数控机床孔加工编程的基础。本项目的主要任务是训练在数控铣床/加工中心上加工孔系的技能,分别要掌握钻中心孔(定位孔)、钻孔、扩孔、铰孔、镗孔和螺纹的加工技能,掌握中心钻、麻花钻、扩孔钻、铰刀、镗孔刀、丝锥的正确使用方法。熟练掌握各种孔加工的循环参数的设定,避免撞坏机床和各种钻头、铰刀、镗刀,造成不必要的经济损失。通过本项目的学习可以对 FANUC 0i – MC 数控系统的固定循环编程指令有较深入的了解。

学习目标

◎掌握 FANUC 0i – MC 系统固定循环编程指令的使用。
◎掌握数控铣床/加工中心孔加工的工艺设计。
◎掌握数控铣床/加工中心钻孔、镗孔、锪孔、铰孔的方法。
◎掌握数控铣床/加工中心加工螺纹的方法。

任务一　平面加工

任务描述

　　加工如图 3-1 所示的零件,其材料为 45 号钢,工件外形轮廓已加工成形,需在数控铣床/加工中心上加工所有孔系。

技能目标

· 合理选用刀具及确定切削用量。
· 灵活运用加工中心孔的加工指令进行程序编制。
· 具有用数控铣床/加工中心加工孔类零件的实践能力。

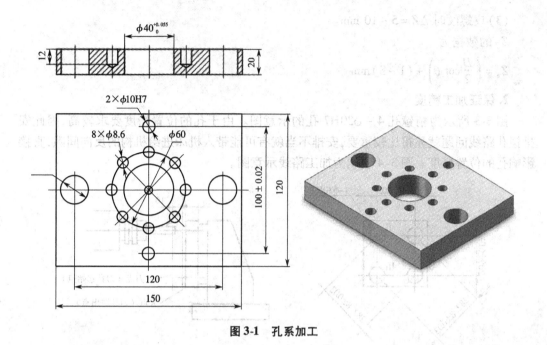

图 3-1 孔系加工

一、孔加工的进给路线

1. 引入距离与超越量的确定

加工中心特别适合加工多孔类零件,尤其是孔数比较多而且每个孔需经几道工序加工方可完成的零件,如多孔板零件、分度头孔盘零件等。

对点位控制的数控机床,只要求定位精度较高,定位过程尽可能快,而刀具相对于工件的运动路线是无关紧要的,因此,这类机床应按空程最短来安排进给路线。除此之外还要确定刀具轴向的运动尺寸,其大小主要由被加工零件的孔深来决定,但也应考虑一些辅助尺寸,如刀具的引入距离和超越量。钻孔的尺寸关系如图 3-2 所示。图中,ΔZ 为刀具的轴向引入距离,Z_c 为超越量。

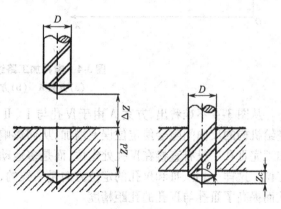

图 3-2 数控钻孔的尺寸关系

（1）ΔZ 的经验数据如下

已加工面钻、镗、铰孔 $\Delta Z = 1 \sim 3$ mm。

（2）毛坯面上钻、镗、铰孔 $\Delta Z = 5 \sim 8$ mm。

（3）攻螺纹时 $\Delta Z = 5 \sim 10$ mm。

Z_c 的数据为

$$Z_c = \left(\frac{D}{2} \cot \theta \right) + (1 \sim 3)\, \text{mm}$$

2. 保证加工精度

图 3-3 所示为精镗孔 $4 - \phi 30\text{H}7$ 孔的示意图。由于孔的位置精度要求较高,因此安排镗孔路线问题就显得比较重要,安排不当就有可能带入机床进给机构的反向间隙,直接影响孔的位置精度。图 3-4 所示为加工路线示意图。

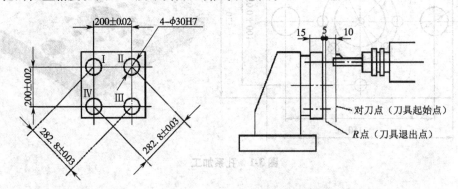

图 3-3　镗孔加工示意图

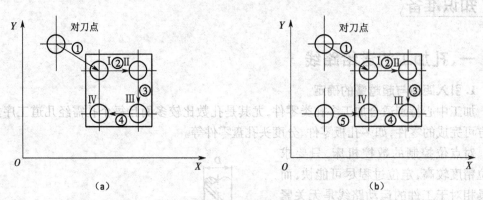

图 3-4　镗孔加工路线示意图
(a)方案 A　(b)方案 B

从图 3-4 不难看出,方案 A 由于Ⅳ孔与Ⅰ、Ⅱ、Ⅲ孔的定位方向相反,无疑机床 X 向进给机构的反向间隙会使定位误差增加,从而影响Ⅳ孔与Ⅲ孔的位置精度。方案 B 是当加工完Ⅲ孔后没有直接在Ⅳ孔处定位,而是多运动了一段距离,然后折回来在Ⅳ孔处进行定位。这样Ⅰ、Ⅱ、Ⅲ和Ⅳ孔的定位方向是一致的,Ⅳ孔就可以避免反向间隙误差的引入,从而提高了Ⅲ孔与Ⅳ孔的孔距精度。

3. 应使进给路线最短

在保证加工精度的前提下应减少刀具空行程时间,提高加工效率。图 3-5 所示为正确钻孔加工路线的例子。按照一般习惯,总是先加工均布于同一圆周上的八个孔,再加工另一圆周上的孔,如图 3-5(a)所示。但是对点位控制的数控机床而言,要求定位过程尽可能快,空程最短,进给路线如图 3-5(b)所示。

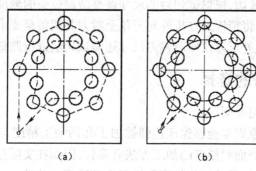

（a） （b）

图 3-5 最短加工路线选择
（a）常规钻孔路径规划 （b）数控机床钻孔路径规划

二、镗孔加工工艺

1. 镗孔加工关键技术

镗孔加工的关键技术是解决镗刀杆的刚度问题和排屑问题。

1）刚度问题的解决方案

（1）选择截面积大的刀杆。镗刀刀杆的截面积通常为内孔截面积的1/4。因此，为了增加刀杆的刚度，应根据加工孔的直径和预孔的直径，尽可能选择截面积大的刀杆。

通常情况下，孔径在30～120 mm范围内，镗刀杆直径一般为孔径的7/10～8/10。孔径小于30 mm时，镗刀杆直径取孔径的8/10～9/10倍，或者选用山特维克公司的防震刀杆。

（2）刀杆的伸出长度尽可能短。镗刀刀杆伸得太长，会降低刀杆刚度，容易引起振动。因此，为了增加刀杆的刚度，选择刀杆长度时，只需选择刀杆伸出长度略大于孔深即可。若孔的长径比确实很大，就要选用山特维克公司的防震刀杆来解决振动问题。

（3）选择合适的切削角度。为了减小切削过程中由于受径向力作用而产生振动，镗刀的主偏角一般选的较大。镗铸铁孔或精镗时，一般取 $\kappa_r = 90°$，粗镗钢件孔时，取 $\kappa_r = 60°～75°$，以提高刀具的寿命。

2）排屑问题的解决方案

排屑问题主要通过控制切屑流出方向来解决。精镗孔时，要求切屑流向待加工表面（即前排屑），此时，选择正刃倾角的镗刀。加工盲孔时，通常向刀杆方向排屑，此时，选择负刃倾角的镗刀。

2. 镗孔尺寸的控制

1）粗镗孔尺寸的控制

孔径尺寸的控制通过调整镗刀刀尖位置来进行。粗镗刀的刀尖位置可以在对刀仪上进行调整，也可以在机床上用敲刀法来实现。敲刀法大多凭手感经验来控制，也有借助百分表来控制敲出量的情况。采用上述方法控制镗削孔径尺寸时，常采用试切法进行调整。试切时，先在孔口镗深1 mm，经测量检查，并调整镗刀位置，继续试切，直至所调尺寸符合加工要求为止，然后将所试切孔完整镗削。

2）精镗孔尺寸的控制

精镗孔尺寸控制较为方便，通过常用如下两种方法来控制：一种是试切调整法，先用粗调好的精镗刀在孔口试切,根据试切后的尺寸调整微调镗头的刻度,然后进行精镗。第二种方法是机外调整法,将精镗刀在机外对刀仪上对刀并调整至要求尺寸,再将精镗刀装入主轴进行加工,通常机外对刀仪所对镗刀尺寸还需试切法进行调整。

三、孔加工方法的选择

1. 孔加工方法的选用原则

孔加工方法的选择原则是能够保证达到被加工孔的加工精度与表面粗糙度的要求。由于获得同一级精度及表面粗糙度的加工方法有多种,因而在实际选择时,要结合零件的形状、尺寸、批量、毛坯材料及毛坯热处理等情况合理选用。此外,还应考虑生产率和经济性的要求以及工厂的生产设备等实际情况。常用加工方法的经济加工精度及表面粗糙度可查阅相关工艺手册。

2. 孔加工方法的选择

在数控铣床及加工中心上,常用于加工孔的方法有钻孔、扩孔、铰孔、粗/精镗孔及攻螺纹等。通常情况下,在数控铣床及加工中心上能较方便地加工出 IT9～IT7 级精度的孔,对于这些孔的推荐加工方法如表 3-1 所示。

关于表 3-1 的有关说明如下。

①在加工直径小于 30 mm 且没有预留孔的毛坯时,为了保证钻孔加工的定位精度,可选择在钻孔前先将孔口端面铣平或采用钻中心孔的加工方法。

②对于表中的扩孔及粗镗加工,也可采用立铣刀(玉米铣刀)铣孔的加工方法。

③在加工螺纹孔时,先加工出螺纹底孔,对于直径在 M6 以下的螺纹,通常不在加工中心上加工;对于直径在 M6～M20 的螺纹,通常采用攻螺纹的加工方法;而对于直径在 M20 以上的螺纹,可采用螺纹铣刀铣削加工。

表 3-1　孔的加工方法推荐选择表

孔的精度	有无预留孔	孔尺寸				
		0～12	12～20	20～30	30～60	60～80
IT9～IT11	无	钻—铰	钻—扩—铰		钻—扩—镗(或铰)	
	有	扩—铰或粗镗—精镗				
IT8	无	钻—扩—铰	钻—扩—精镗(或铰)		钻—扩—粗镗—精镗	
	有	扩—铰或粗镗—半精镗—精镗(或精铰)				
IT7	无	钻—粗铰—精铰	钻—扩—粗铰—精铰或钻—扩—粗镗—半精镗—精镗			
	有	粗镗—半精镗—精镗(如仍达不到精度还可进一步采用精细镗)				

四、孔加工用刀具及其选择

1. 钻孔刀具及其选择

钻孔用的刀具较多,有扁钻、麻花钻、可转位浅孔钻、喷吸钻等。在实际应用时,要根据工件材料、加工尺寸及表面加工质量等要求合理选用。

（1）中心钻。中心钻用于孔加工的预制精确定位，引导麻花钻进行孔加工，减少误差。中心钻有两种型式，A 型为不带护锥的中心钻，如图 3-6 所示；B 型为带护锥的中心钻，如图 3-7 所示。加工孔径为 2 ~ 10 mm 的中心孔时，通常采用不带护锥的中心钻。如果所加工工件的工序较长、精度要求较高，为了避免 60°定心锥被损坏，一般采用带护锥的中心钻。

图 3-6　不带护锥中心钻（A 型）　　　　图 3-7　带护锥中心钻（B 型）

（2）扁钻。扁钻是使用最早的钻孔工具，它具有结构简单、成本低、刚性好、刃磨方便的特点。扁钻在微孔（<ϕ1 mm）及大孔（>ϕ38 mm）的加工中应用较为广泛。扁钻有整体式和装配式两种，如图 3-8 所示。前者适合于数控机床，常用于较小直径（<ϕ12 mm）孔加工；后者适用于较大直径（>ϕ64 mm）孔加工。

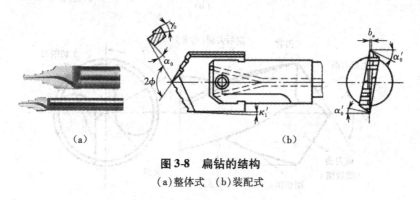

图 3-8　扁钻的结构
（a）整体式　（b）装配式

（3）麻花钻。麻花钻是迄今为止应用最广泛的孔加工刀具。麻花钻的组成如图 3-9 所示，它主要由工作部分和柄部组成。工作部分包括切削部分和导向部分。图 3-10 和 3-11 为常用麻花钻的图片。

麻花钻的切削部分有两个主切削刃、两个副切削刃和一个横刃。两个螺旋槽是切削流经的表面，为前刀面；与工件过渡表面（即孔底）相对的端部两曲面为主后刀面；与工件已加工表面（即孔壁）相对的两条刃带为副后刀面。前刀面与主后刀面的交线为主切削刃，前刀面与副后刀面的交线为副切削刃，两个主后刀面的交线为横刃。横刃与主切削刃在端面上投影间的夹角称为横刃倾角，横刃倾角 ψ = 50° ~ 55°；主切削刃上各点的前角、后角是变化的，外缘处前角约为 30°，钻心处前角接近 0°，甚至是负值；两条主切削刃在与其平行的平面内的投影之间的夹角为顶角，标准麻花钻的顶角 2ϕ = 118°。

麻花钻导向部分起导向、修光、排屑和输送切削液作用，同时也是后续切削部分。

根据柄部不同，麻花钻有莫氏锥柄和圆柱柄两种。直径为 8 ~ 80 mm 的麻花钻多为莫氏锥柄，可直接装在带有莫氏锥孔的刀柄内，刀具伸出长度不能调节。直径为 0.1 ~ 20 mm 的麻花钻多为圆柱柄，可装在钻夹头刀柄上。中等尺寸麻花钻两种型式均可选用。

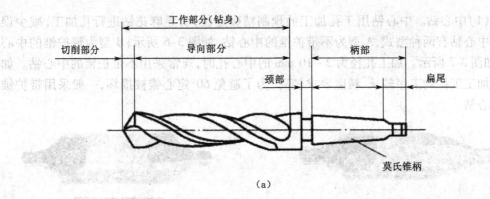

（a）

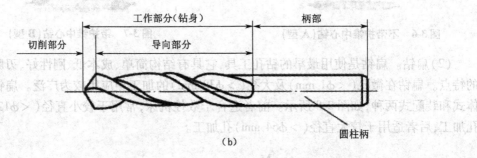

（b）

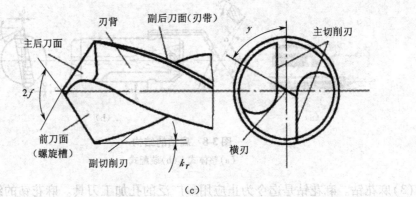

（c）

图3-9　麻花钻的组成

（a）莫氏锥柄麻花钻　（b）圆柱柄麻花钻　（c）麻花钻切削部分结构

图3-10　锥柄麻花钻　　　　　　　　　　　　**图3-11　直柄麻花钻**

　　麻花钻主要用来在实体材料上钻削直径为0.1~80 mm的孔,也可用来代替扩孔钻进行扩孔加工。麻花钻是粗加工刀具,其加工精度一般为IT10~IT13,表面粗糙度 Ra 为6.3~12.5 μm。在选用钻头时,为了提高钻头刚性,应尽量选用较短的钻头,但麻花钻的工作部分应长于孔深,以便排屑和输送切削液。此外,在加工中心上钻孔时,由于直接由机床坐标定位,不使用钻模导向,为了避免引起钻孔偏斜,对钻头两切削刃要求有较高的刃磨精度(即两刃长度一致,顶角对称于钻头中心线)。

　　（4）硬质合金可转位浅孔钻。当钻削直径范围为 $\phi16 \sim \phi60$,孔深不超过3.5~4D（D

为钻头直径）时,可选用图 3-12 所示的硬质合金可转位浅孔钻。硬质合金可转位浅孔钻的钻体为合金钢,在钻体上开有两条螺旋槽或直槽,在槽的前端开有刀片定位槽,通过沉头螺钉装夹两片硬质合金可转

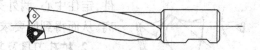

图 3-12　硬质合金可转位浅孔钻

位刀片,也可装夹切削性能更好的涂层刀片。这种钻头具有切削效率高（线速度可达 150 ~300 m/min,是高速钢钻头的 3 ~ 10 倍）、加工质量好的特点,最适用于箱体零件的钻孔加工。该钻头不仅可用于实心材料的钻孔,也可用于扩孔,特别适用于数控机床和加工中心上使用。

（5）深孔钻。对孔径比大于 5 而小于 100 的深孔,如果用普通钻头钻削,不仅加工中散热差、排屑困难、钻杆刚性差、易使刀具损坏和引起孔的轴线偏斜,甚至还影响加工精度和生产率。故深孔加工必须选用深孔钻加工,深孔钻有很多种,常用的有:外排屑深孔钻、内排屑深孔钻、喷吸钻及套料钻。

（6）基本型群钻。基本型群钻切削部分结构如图 3-13 所示。其结构特点是:三尖七刃锐当先,月牙弧槽分两边,外刃再开分屑槽,横刃磨低窄又尖。因此,群钻具有刃口锋利,切削性能好,定心和导向性能好,切屑的卷曲、折断和排出效果好等特点。

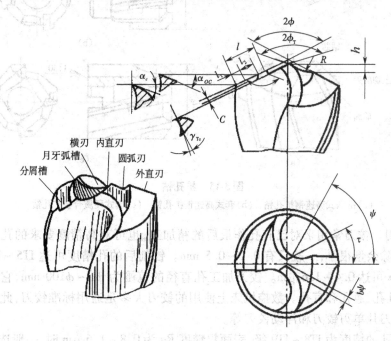

图 3-13　群钻

（7）三尖薄板群钻。薄金属板的零件一般刚度都较低,容易变形,而且塑性大。钻孔过程中,材料一方面受扭,一方面受轴向力往下压,常产生局部扭曲变形,从而出现毛刺。如采用普通麻花钻钻薄板,当钻心尖刚钻透时,钻头突然失去定心能力,工件产生抖动,很容易出事故,而且要在孔口产生飞翅。钻薄板群钻是将基本型群钻的月牙圆弧加大,直到只有三个尖点,如图 3-14 所示,把进给力都集中在三个锋利的刃尖上,钻心尖先切入工

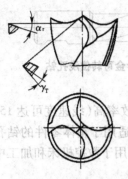

图 3-14　薄板群钻

件,定住中心,两外刃尖像圆规画圆一样,迅速把中间的圆片切离,从而得到所要求的孔,干净利落,效果很好。

2. 扩孔刀具及其选择

常用的扩孔刀具主要有扩孔钻、铰刀、镗刀等。在实际应用时,要根据加工尺寸及表面加工质量等要求合理选用。

(1)扩孔钻。扩孔钻是用于扩孔的粗加工刀具,它比麻花钻的切削刃多($Z>3$,标准的扩孔钻一般有 3~4 条主切削刃),分屑槽较浅,无横刃,强度和刚度都较高,导向性强和切削性能也较好。扩孔钻的精度可达 IT11~IT10 级,表面粗糙度 Ra 为 3.2~6.3 μm。常用的有锥柄式高速钢扩孔钻(图 3-15(a))、套式高速钢扩孔钻(图 3-15(b))、套式硬质合金扩孔钻(图 3-15(c))。在小批量生产时,常用麻花钻改制。

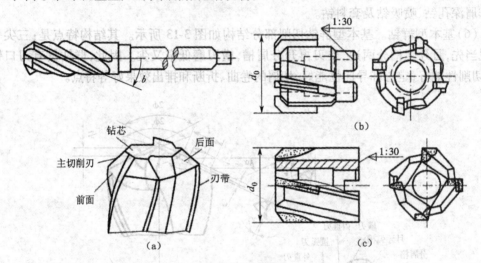

图 3-15　扩孔钻
(a)锥柄式高速钢扩孔钻　(b)套式高速钢扩孔钻　(c)套式硬质合金扩孔钻

(2)铰刀。铰刀常用来对已有孔作最后的精加工,也可对高精度要求的孔进行预加工。铰削切除余量很小,一般只有 0.1~0.5 mm。铰削后的孔精度可达 IT5~IT9 级,表面粗糙度 Ra 可达 0.4~1.6 μm。铰刀加工孔直径的范围为 $\phi 1$~$\phi 100$ mm,它可以加工圆柱孔、圆锥孔、通孔和盲孔。数控机床上使用的铰刀大多是通用标准铰刀,此外还有机夹硬质合金刀片单刃铰刀和浮动铰刀等。

在加工孔的精度为 IT8~IT9 级,表面粗糙度 Ra 为 0.8~1.6 μm 时,一般选用通用标准铰刀。通用标准铰刀如图 3-16 所示,有直柄、锥柄和套式三种。锥柄铰刀的直径范围为 $\phi 10$~$\phi 32$ mm,直柄铰刀的直径范围为 $\phi 1$~$\phi 20$ mm,套式铰刀的直径范围为 $\phi 25$~$\phi 80$ mm。

在加工孔的精度为 IT5~IT7 级,表面粗糙度 Ra 为 0.7 μm 时,可选用机夹硬质合金刀片的单刃铰刀。机夹单刃铰刀应有很高的刃磨质量,因为精密铰削时,半径上的铰削余量是在 10 μm 以下的,故刀片的切削刃要磨削得非常锋利。

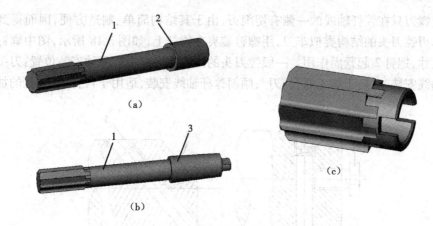

图3-16　机用铰刀

(a)直柄机用铰刀　(b)锥柄机用铰刀　(c)套式机用铰刀

1—颈部；2—直柄；3—锥柄

加工精度为 IT6 ~ IT7 级、表面粗糙度 Ra 为 0.8 ~ 1.6 μm 的大直径通孔时，可选用专为加工中心设计的浮动铰刀。

图3-17 所示就是加工中心上使用的浮动铰刀。刀具安装时，先根据所要加工孔的大小调整好铰刀体 2，在铰刀体 2 插入刀杆体 1 的长方孔后，在对刀仪上找正两切削刃与刀杆轴的对称度为 0.02 ~ 0.05 mm。然后，移动定位滑块 5，使调整螺钉 3 的圆锥端对准刀体 2 上的定位锥孔，拧紧螺钉 6 后，调节调整螺钉 3，使铰刀体有 0.04 ~ 0.08 mm 的浮动量(用对刀仪观察)，调整好后，将螺母 4 拧紧。

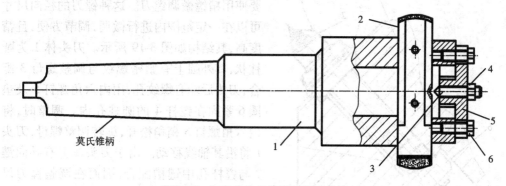

图3-17　加工中心上使用的浮动铰刀

1—刀杆体；2—可调式浮动铰刀体；3—调整螺钉；4—螺母；5—定位滑块；6—螺钉

浮动铰刀的刀体与刀杆的连接不是固定的，刀体可以在刀杆中的长方孔中"浮动"。浮动铰刀的刀体有两个对称切削刃，能自动平衡切削力。由于刀体的"浮动"，在实际铰削中刀体能自动补偿刀具的安装误差或刀杆的径向跳动而引起的加工误差，但不能矫正孔的直线度误差和孔的位置度误差。

(3)镗刀。镗刀是对工件上已有孔进行扩孔加工的刀具，镗孔可加工出不同精度的孔，粗镗加工精度可达 IT11 ~ IT13，表面粗糙度 Ra 为 6.3 ~ 12.5 μm；半精镗加工精度可达 IT9 ~ IT10，表面粗糙度 Ra 为 1.6 ~ 3.2 μm；精镗加工精度可达 IT6 ~ IT8，表面粗糙度 Ra 为 0.8 ~ 1.6 μm。镗刀的种类很多，按切削刃数量可分为单刃镗刀和双刃镗刀。

单刃镗刀只在镗杆轴线的一侧有切削刃，由于其结构简单、制造方便，因而得到广泛应用。单刃镗刀头的结构类似车刀，用螺钉装夹在镗杆上，如图 3-18 所示，图中螺钉 1 用于调整尺寸，螺钉 2 起紧固作用。一般镗刀头的刀尖在刀杆上有两种安装位置：刀头垂直镗刀杆轴线安装，适用于加工通孔；刀头倾斜镗杆轴线安装，适用于盲孔、台阶孔的加工。

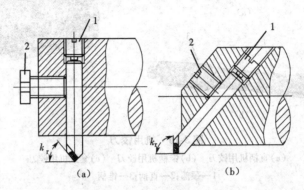

(a)　　　　　　　　　(b)

图 3-18　单刃镗刀

(a)通孔镗刀　(b)盲孔、台阶孔镗刀

1—调节螺钉；2—紧固螺钉

单刃镗刀在切削时，由于受力不对称，切削时易引起振动，故单刃镗刀的主偏角一般都选的比较大，用以减小切削力的径向分量。镗铸铁孔或精镗时，主偏角一般为 90°；镗钢件孔时，主偏角为 60°~75°，以提高刀具的耐用度。

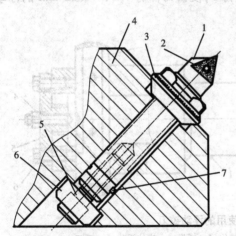

图 3-19　微调镗刀

1—刀头体；2—刀片；3—调整螺母；4—镗杆；
5—内六角螺钉；6—垫圈；7—导向键

孔在精镗时由于加工余量非常小，一般要使用精镗微调镗刀。这种镗刀的径向尺寸可以在一定范围内进行微调，调节方便，且精度高，其结构如图 3-19 所示。刀头体 1 为圆柱状，其外圆上有紧密螺纹与调整螺母 3 配合，刀头后端有螺纹孔，用内六角螺钉 5 及垫圈 6 紧固在镗杆 4 的圆柱孔内。调整时，将内六角螺钉 5 稍稍松开，旋转调整螺母，刀头 1 将沿其轴线移动。由于刀头体上有导向键 7 与镗杆孔中键槽配合，因而在调整镗刀尺寸时，刀头不会产生转动。

在镗削大直径孔时，镗杆与孔相比不能做得太粗，由于切削力的不对称而产生的振动现象，显得尤为突出。针对这种情况，在镗削时可选用图 3-20 所示的双刃镗刀。双刃镗刀的两端各有一切削刃，对称分布，两切削刃同时参加切削，由于两切削刃上切削力的径向分量大小相当，方向相反，所以可减小切削力对镗杆的影响、避免或减弱振动现象。双刃镗刀的头部可以在较大范围内调整，且调整方便，最大镗孔直径可达 1 000 mm。与单刃镗刀相比，其每转进给量可提高一倍左右，生产率高。

镗孔刀具的选择，主要问题是刀杆的刚性，要尽可能地防止或消除振动。其考虑要点

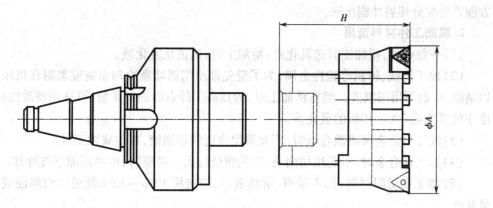

图 3-20 大直径不可重磨可调双刃镗刀

如下。①尽可能选择大的刀杆直径,接近镗孔直径。②尽可能选择短的刀臂(工作长度),当工作长度小于 4 倍刀杆直径时可用钢制刀杆,加工要求高的孔时最好采用硬质合金制刀杆。当工作长度为 4~7 倍的刀杆直径时,小孔用硬质合金制刀杆,大孔用减震刀杆。当工作长度为 7~10 倍刀杆直径时,要采用减震刀杆。③选择主偏角接近 90°,大于 75°。

五、切削液的选用

切削液的种类繁多,性能各异,在加工过程中应根据加工性质、工艺特点、工件和刀具材料等具体条件合理选用。

1. 根据加工性质选用

(1)粗加工时,由于加工余量和切削用量均较大,因此在切削过程中产生大量的切削热,易使刀具迅速磨损,这时应降低切削区域温度,所以应选择以冷却功用为主的乳化液或合成切削液。

①用高速钢刀具粗车或粗铣碳素钢时,应选用 3%~5% 的乳化液,也可以选用合成切削液。

②用高速钢刀具粗车或粗铣合金钢、铜及其合金工件时,应选用 5%~7% 的乳化液。

③粗车或粗铣铸铁时,一般不用切削液。

(2)精加工时,为减少切屑、工件与刀具间的摩擦,保证工件的加工精度和表面质量,应选用润滑性能好的极压切削油或高浓度极压乳化液。

①用高速钢刀具精车或精铣碳素钢时,应选用 10%~15% 的乳化液或 10%~20% 的极压乳化液。

②用硬质合金刀具精加工碳钢工件时,可以不用切削液,也可用 10%~25% 的乳化液或 10%~25% 的极压乳化液

③精加工铜及其合金、铝及其合金工件时,为了得到较高的表面质量和较高的精度,可选用 10%~20% 的乳化液或煤油。

(3)半封闭式加工时,如钻孔、铰孔和深孔加工,排屑、散热条件均非常差。不仅刀具磨损严重,容易退火,而且切屑容易拉毛工件已加工的表面。为此,须选用黏度较小的极压乳化液或极压切削油,并加大切削液的压力和流量,这样,一方面进行冷却、润滑,另一

方面可将部分切屑冲刷出来。

2. 根据工件材料选用

（1）一般钢件,粗加工时选乳化液;精加工时,选硫化乳化液。

（2）加工铸铁、铸铝等脆性金属,为了避免细小切屑堵塞冷却系统或黏附在机床上难以清除,一般不用切削液。但在精加工时,为提高工件表面加工质量,可选用润滑性好、黏度小的煤油或7% ~10%的乳化液。

（3）加工有色金属或铜合金时,不宜采用含硫的切削液,以免腐蚀工件。

（4）加工镁合金时,不能用切削液,以免燃烧起火。必要时,可用压缩空气冷却。

（5）加工难切削材料,如不锈钢、耐热钢等,应选用10% ~15%的极压切削油或极压乳化液。

3. 根据刀具材料选用

（1）高速钢刀具。粗加工选用乳化液;精加工钢件时,选用极压切削油或浓度高的极压乳化液。

（2）硬质合金刀具。为避免刀片因骤冷或骤热而产生崩裂,一般不使用冷却润滑液。如果要使用,必须连续充分。例如加工某些硬度高、强度大、导热性差的工件时,由于切削温度较高,会造成硬质合金刀片与工件材料发生黏结和扩散磨损,应加注以冷却为主的2% ~5%的乳化液或合成切削液。若采用喷雾加注法,则切削效果更好。

六、钻、镗固定循环及程序调用

加工中心配备的固定循环功能主要用于孔的加工,如钻孔、扩孔、铰孔、镗孔、攻螺纹等,使用一个程序段就可以完成一个孔加工的全部动作(包括孔位平面定位、快速引进、工作进给、快速退回等顺序动作)。继续加工时,如果只是改变孔的位置而不需改变孔的加工动作,则程序中有关孔加工的模态代码可以不必重写,仅需书写孔定位代码即可,因而可以大大简化程序。

1. 孔加工综述

在 FANUC 0i – MC 系统中,对于镗孔、钻孔、攻螺纹等孔加工指令,它们各有一个固定的程序格式来调用相应的功能,具体的程序段格式如下。

$$\begin{Bmatrix} G90 \\ G91 \end{Bmatrix} \begin{Bmatrix} G98 \\ G99 \end{Bmatrix} \quad G\_ \quad X\_ \quad Y\_ \quad Z\_ \quad R\_ \quad P\_ \quad Q\_ \quad F\_ \quad K\_$$

参数说明 G98 返回平面为初始平面;G99 返回平面为安全平面;G ＿为循环模式;X ＿ Y ＿为孔的位置;Z ＿为孔的深度;R ＿为安全平面的高度;P ＿为在孔底停留的时间;Q ＿为每步切削的深度;F ＿为进给速度;K ＿为固定循环的重复次数。

1）固定循环的动作

孔加工固定循环的动作过程如图3-21 所示。图中用虚线表示快速进给,用实线表示切削进给,通常由以下六个动作组成。

动作1——X 轴和 Y 轴快速定位,使刀具快速定位到孔加工位置,Z 轴快速定位至起始高度。

动作2——刀具沿 Z 轴方向快进至安全平面,即 R 点平面。

动作3——孔加工过程（如钻孔、镗孔、攻螺纹等），以切削进给方式执行孔的加工。

动作4——孔底动作（如进给暂停、刀具让刀、主轴准停、主轴反转等）。

动作5——快速返回 R 点平面。

动作6——刀具快速返回到初始点，孔加工完成后一般退刀至初始点。

2）固定循环的数据指定方式

固定循环指令中的地址 R 与地址 Z 的数据指定与 G90 或 G91 的方式选择有关，如图 3-22 所示。选择 G90 方式时，R 与 Z 一律取其终点坐标值；选择 G91 方式时，R 则指从其初始点到 R 点的距离，Z 是指从 R 点到孔底平面上 Z 点的距离。

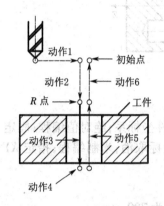

图 3-21　固定循环动作顺序

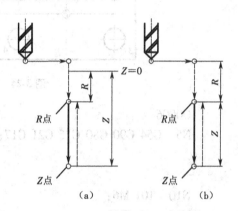

图 3-22　G90 与 G91 的坐标指定
(a)G90 状态　(b)G91 状态

3）返回平面的选择

固定循环指令执行中由 G98 或 G99 确定刀具在返回时达到的平面。如果指令了 G98 则自该程序段起，刀具退刀时（固定循环的动作5）将返回到初始平面，如果指令了 G99 则返回到 R 点平面，如图 3-23 所示。

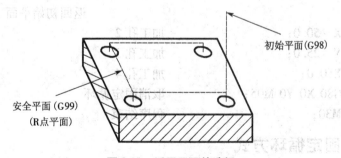

图 3-23　返回平面的选择

初始平面是为安全下刀而规定的一个平面。初始平面到零件表面的距离可以任意设定在一个安全的高度上，当使用同一把刀具加工若干孔时才使用 G98 指令，使刀具返回初始平面的初始点。

安全平面又被叫作 R 参考平面，这个平面是刀具下刀时由快速进给转为切削进给的高度方向平面，距工件表面的距离主要考虑表面尺寸的变换，一般可取 2～5 mm。使用 G99 指令时，刀具将返回到该平面的 R 点上。

孔底平面用于定义孔加工深度,加工盲孔时孔底平面就是孔底的 Z 向高度;加工通孔时,一般刀具还要伸出工件底平面一段距离,主要是保证全部孔深都加工到尺寸;钻削加工时,还应该考虑钻头钻尖对孔深的影响。

例 3-1 用固定循环加工如图 3-24 所示各孔,孔深 10 mm。

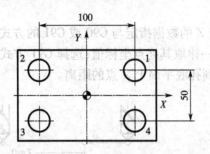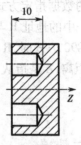

图 3-24　固定循环示例

```
O0006                              程序名
N5   G54 G90 G80 G15 G21 G17;      用 G54 指定工件坐标系;绝对值编程;固定
                                   循环取消;极坐标取消;米制编程;指定 XY
                                   平面
N10  T01 M6;                       换 1 号铣刀
N15  M3 S700;                      主轴正转,转速为 700 r/min
N20  G00 X0 Y0 Z250.0;             快速到达工件坐标系原点
N25  G01 G43 H01 Z100.0 F3000;     调用 1 号刀具长度补偿,并 Z 向进刀至安全
                                   高度
N30  Z50.0;                        设定初始平面
N35  G98 G81 X50.0 Y25.0 R5.0 Z-10.0 F100;模态调用固定循环,按 G81 循
                                   环模式加工孔 1,加工完成后
                                   返回初始平面
N40  X-50.0;                       加工孔 2
N45  Y-25.0;                       加工孔 3
N50  X50.0;                        加工孔 4
N55  G80 X0 Y0 M05;                取消固定循环
N60  M30;                          程序结束
```

七、常用固定循环方式

1. 钻孔循环指令(G73、G81、G83)
1)高速啄式钻孔循环指令(G73)
指令格式:

$$\begin{Bmatrix} G90 \\ G91 \end{Bmatrix} \begin{Bmatrix} G98 \\ G99 \end{Bmatrix} G73 \ X\_\_ \ Y\_\_ \ Z\_\_ \ R\_\_ \ Q\_\_ \ F\_\_;$$

G73 指令的孔加工动作如图 3-25 所示,该固定循环用于 Z 轴方向的间歇进给,深孔加工时可以较容易地实现断屑和排屑,减少退刀量,进行高效率的加工。其中 Q(增量值

且用正值表示)为分步切深,最后一次进给深度应小于或等于 Q,编程时还应保证 $Q > d$,退刀量 d 由参数设定,退刀时用快速退刀方式。

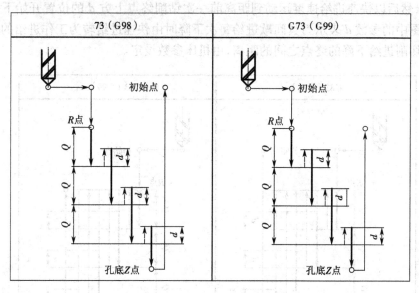

图 3-25 G73 高速啄式钻孔循环

2)钻孔循环指令(G81)

指令格式:

$$\begin{Bmatrix} G90 \\ G91 \end{Bmatrix} \begin{Bmatrix} G98 \\ G99 \end{Bmatrix} \quad G81 \quad X\_\_ \quad Y\_\_ \quad Z\_\_ \quad R\_\_ \quad Q\_\_ \quad F\_\_;$$

G81 指令的孔加工动作如图 3-26 所示,G81 是最简单的固定循环,它的执行过程为:X、Y 定位,Z 轴快进到 R 点,以 F 速度进给到 Z 点,快速返回初始点(G98)或 R 点(G99),没有孔底动作。

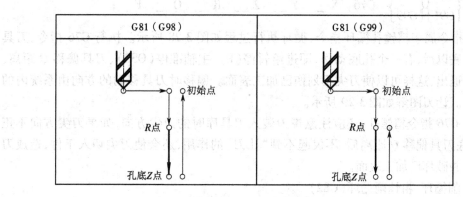

图 3-26 G81 钻孔循环

3)深孔钻削循环指令(G83)

指令格式:

$$\begin{Bmatrix} G90 \\ G91 \end{Bmatrix} \begin{Bmatrix} G98 \\ G99 \end{Bmatrix} \quad G83 \quad X\_\_ \quad Y\_\_ \quad Z\_\_ \quad R\_\_ \quad Q\_\_ \quad F\_\_;$$

G83 指令的孔加工动作如图 3-27 所示,同 G73 指令相似,G83 指令从 R 点到 Z 点的进给也是分段完成的,与 G73 指令不同的是每次刀具间歇进给完成后,刀具将退至参考平面 R 点,然后以快速进给速度运动到距离前一次钻削终点上方 d 的位置开始下一段进给运动。图中的参数 d 表示刀具间歇进给每次下降时由快速进给转为工作进给的那一点至前一次切削进给下降的终点之间的距离,由机床参数设定。

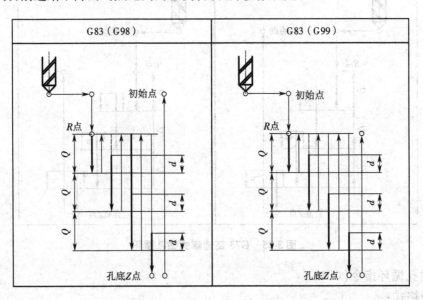

图 3-27 G83 深孔钻削循环

2. 镗孔循环指令(G76、G82、G85、G86、G87)

1)精镗孔循环指令(G76)

指令格式:

$$\begin{Bmatrix} G90 \\ G91 \end{Bmatrix} \begin{Bmatrix} G98 \\ G99 \end{Bmatrix} \quad G76 \quad X\_\_ \quad Y\_\_ \quad Z\_\_ \quad R\_\_ \quad Q\_\_ \quad F\_\_;$$

G76 指令属于精镗孔循环指令,循环执行过程如图 3-28 所示。执行 G76 指令,刀具精镗到孔底以后,有三个孔底动作,即进给暂停(P)、主轴准停(OSS)、刀具偏移 Q 距离,然后刀具退出,这样可以使刀尖不划伤已加工表面。偏移时刀具移动的方向由系统内的参数设定。让刀图解如图 3-29 所示。

使用 G76 指令精镗孔,还应注意镗刀装入刀具库时的刀尖方向,如果刀尖方向不正确,在孔底刀具偏移 Q 距离后,不仅起不到"让刀"的作用,还会使刀尖切入工件,造成刀具的损坏并破坏已加工表面。

2)钻削循环,粗镗削循环(G82)

指令格式:

$$\begin{Bmatrix} G90 \\ G91 \end{Bmatrix} \begin{Bmatrix} G98 \\ G99 \end{Bmatrix} \quad G82 \quad X\_\_ \quad Y\_\_ \quad Z\_\_ \quad R\_\_ \quad Q\_\_ \quad F\_\_;$$

G82 指令属于钻孔、镗孔循环指令。G82 固定循环在孔底有一个暂停的动作,除此之外和 G81 固定循环完全相同。暂停时间用 P 来指定。其中 P 值的计算公式为

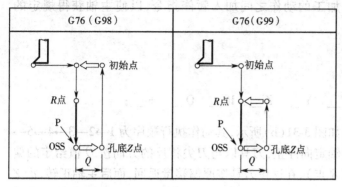

图 3-28　G76 钻孔循环

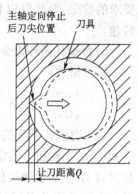

图 3-29　孔底让刀图解

$$P = \frac{60}{N} \cdot n \cdot 1\ 000$$

其中,N 为主轴转速,n 一般选择 $2 \sim 3$ 转。该指令适用于盲孔、台阶孔的加工。

3)镗孔循环指令(G85)

指令格式:

$$\begin{Bmatrix} G90 \\ G91 \end{Bmatrix} \begin{Bmatrix} G98 \\ G99 \end{Bmatrix} \quad G85 \quad X\_\_\ \ Y\_\_\ \ Z\_\_\ \ R\_\_\ \ Q\_\_\ \ F\_\_;$$

G85 指令属于镗孔循环指令,循环执行过程如图 3-30 所示。G85 指令适用于一般孔的加工。镗孔时,主轴正转,刀具以进给速度镗孔至孔底后,以进给速度返回 R 点,如果在 G98 模式下,返回 R 点后再快速返回初始点。

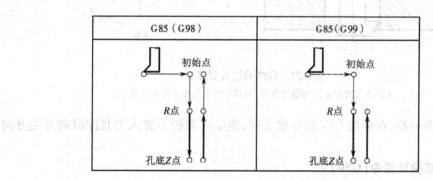

图 3-30　G85 镗孔循环指令

4)镗孔循环指令(G86)

指令格式:

$$\begin{Bmatrix} G90 \\ G91 \end{Bmatrix} \begin{Bmatrix} G98 \\ G99 \end{Bmatrix} \quad G86 \quad X\_\_\ \ Y\_\_\ \ Z\_\_\ \ R\_\_\ \ Q\_\_\ \ F\_\_;$$

G86 指令也属于镗孔循环指令,该固定循环的执行过程和 G81 相似,不同之处是 G86 指令在刀具加工到孔底后,主轴停止,快速返回到 R 参考平面或初始平面,主轴再重新启动(主轴以停止前的方向和转速进行旋转)。采用这种方式加工时,如果连续加工的孔间距较小,可能会出现刀具已经定位到下一个孔的加工位置,而主轴转速尚未达到规定转速要求的情况,为此可以在这个孔加工的动作之间加入暂停指令,以使主轴获得规定的转速。

5)背镗孔循环指令(G87)

指令格式:

$$\begin{Bmatrix} G90 \\ G91 \end{Bmatrix} \quad G98 \quad G87 \quad X\_\quad Y\_\quad Z\_\quad R\_\quad Q\_\quad F\_;$$

G87 背镗孔循环的执行过程如图3-31(b)所示,其动作执行顺序为1→2→3→4→5→6→2→1。X轴和Y轴定位后,主轴定向停止,刀具以与刀尖相反的方向按Q值给定的偏移量移动,然后快速定位到孔底(R点),在这里刀具按原偏移量返回,而后主轴正转,沿Z轴向上加工到Z点(工作进给),在这个位置主轴再次定向停止后,刀具再次向原刀尖反方向位移Q值,然后快速移动到初始平面(此循环指令只能使用G98指令)后刀尖返回一个原位移量,主轴正转,进行下一个程序段动作。采用这种固定循环常用于图3-31(a)所示的孔的加工。G87固定循环只能让刀具返回到初始平面而不能返回到R参考平面,因为R参考平面低于Z点平面。

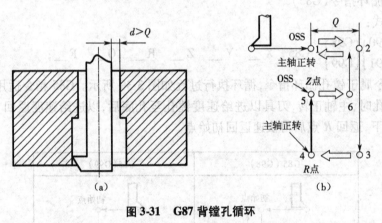

图3-31　G87背镗孔循环
(a)镗刀准停角度与退刀方向(b)G81反镗孔循环指令动作

同G76指令一样,在使用G87指令镗孔时,也应注意镗刀装入刀具库时的刀尖方向是否正确。

3. 取消固定循环指令(G80)

固定循环指令是模态指令,通常可以用G80指令来取消固定循环,也可以用G00、G01、G02、G03等指令取消固定循环,其效果与G80一样。

八、固定循环应用举例

例3-2　加工如图3-32所示的零件,在其表面要加工17个孔,其中1～10号孔直径为10 mm,孔深为50 mm;11～14号孔直径为20 mm,孔深为50 mm;15～17号孔(已完成粗加工)直径为90 mm,孔深为100 mm。

1. 工艺分析

由于被加工孔的尺寸不同,因此需选用四把不同尺寸的刀具,钻1～14号中心孔用1号刀具,刀具长度补偿地址为H01;钻1～10号孔用2号刀具,刀具长度补偿地址为H02;

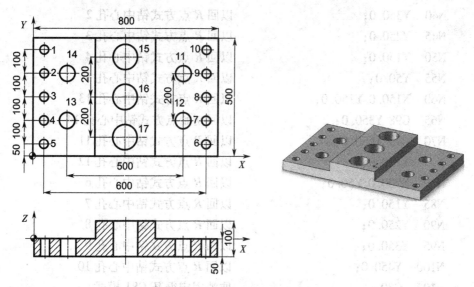

图 3-32　固定循环功能应用举例

钻 11～14 号孔用 3 号刀具,刀具长度补偿地址为 H03;镗 15～17 号孔用 4 号刀具,刀具长度补偿地址为 H04。这四把刀具的具体长度补偿值,即可以通过机外对刀仪进行测量,也可以通过在机床上的 Z 方向进行对刀来确定。

编程坐标系如图所示,零件 50 mm 高的表面为 Z 向零点。1～14 号孔和 15～17 号孔所在的平面不同,在编程时要特别注意 G98、G99、R 值和 Z 值的确定,否则会发生撞刀事故,即 1 号刀在钻 1～5、13 和 14 号孔时可以按照回 R 点的方式进行,但在 14 号孔加工结束后,必须使刀具回到初始点才能越过零件中间的凸台,然后再以回 R 点的方式钻 6～10、11 和 12 号孔。在这里应注意起始点的 Z 向坐标应大于凸台的高度,即凸台的绝对值高度为 50 mm,则起始点的 Z 绝对坐标应当取 60 mm 以上。加工 11～14 号孔时也是同样的道理,不再赘述。

2. 加工程序

O0007		程序名
N5	G54 G90 G80 G15 G21 G17;	用 G54 指定工件坐标系;绝对值编程;固定循环取消;极坐标取消;米制编程;指定 XY 平面
N10	T01 M6;	换 1 号刀具
N15	M3 S700;	主轴正转,转速为 700 r/min
N20	G00 X0 Y0 Z250.0;	快速到达工件坐标系原点
N25	G01 G43 H01 Z100.0 F3000;	调用 1 号刀具长度补偿,并 Z 向进刀至安全高度
N30	Z80.0;	设定初始平面
N35	G99 G81 X100.0 Y450.0 Z−3.0 R5.0 F20;	模态调用固定循环,按 G81 循环模式钻中心孔 1,加工完成后返回 R 点

N40　Y350.0;	以回 R 点方式钻中心孔 2
N45　Y250.0;	以回 R 点方式钻中心孔 3
N50　Y150.0;	以回 R 点方式钻中心孔 4
N55　Y50.0;	以回 R 点方式钻中心孔 5
N60　X150.0 Y150.0;	以回 R 点方式钻中心孔 13
N65　G98 Y350.0;	以回初始点方式钻中心孔 14
N70　G99 X650.0;	以回 R 点方式钻中心孔 11
N75　Y150.0;	以回 R 点方式钻中心孔 12
N80　X700.0 Y50.0;	以回 R 点方式钻中心孔 6
N85　Y150.0;	以回 R 点方式钻中心孔 7
N90　Y250.0;	以回 R 点方式钻中心孔 8
N95　Y350.0;	以回 R 点方式钻中心孔 9
N100　Y450.0;	以回 R 点方式钻中心孔 10
N105　G80;	取消固定循环 G81 模式
N110　M05;	主轴停止
N115　G91 G28 Z0;	Z 轴返回零点(换刀点)
N120　G28 X0 Y0 M19;	X、Y 轴返回零点,主轴准停
N125　T02 M06;	换 2 号刀具
N130　G90 G54 G00 X100.0 Y450.0 Z250.0 S300 M3;	
	快速定位到孔 1,主轴正转,转速为 300 r/min
N135　G01 G43 H02 Z100.0 F3000;	调用 2 号刀具长度补偿,并 Z 向进刀至安全高度
N140　Z80.0;	设定初始平面
N145　G99 G83 X100.0 Y450.0 Z-56.0 R5.0 Q5.0 F20;	
	模态调用固定循环,按 G83 循环模式钻孔 1,加工完成后返回 R 点
N150　Y350.0;	以回 R 点方式钻孔 2
N155　Y250.0;	以回 R 点方式钻孔 3
N160　Y150.0;	以回 R 点方式钻孔 4
N165　G98 Y50.0;	以回初始点方式钻孔 5
N170　G99 X700.0;	以回 R 点方式钻孔 6
N175　Y150.0;	以回 R 点方式钻孔 7
N180　Y250.0;	以回 R 点方式钻孔 8
N185　Y350.0;	以回 R 点方式钻孔 9
N190　Y450.0;	以回 R 点方式钻孔 10
N195　G80;	取消固定循环 G83 模式
N200　M05;	主轴停止
N205　G91 G28 Z0;	Z 轴返回零点(换刀点)

N210	G28 X0 Y0 M19;	X、Y 轴返回参考点,主轴准停
N215	T03 M06;	换 3 号刀具
N220	G90 G54 G00 X650.0 Y350.0 Z250.0 S160 M3;	

快速定位到孔 11,主轴正转,转速为 160 r/min

N225	G01 G43 H03 Z100.0 F3000;	调用 3 号刀具长度补偿,并 Z 向进刀至安全高度
N230	Z80.0;	设定初始平面
N235	G99 G83 X650.0 Y350.0 Z−60.0 R5.0 Q5.0 F20;	

模态调用固定循环,按 G83 循环模式钻孔 11,加工完成后返回 R 点

N240	G98 Y150.0;	以回初始点方式钻孔 12
N245	G99 X150.0;	以回 R 点方式钻孔 13
N250	Y350.0;	以回 R 点方式钻孔 14
N255	G80;	取消固定循环 G83 模式
N260	M05;	主轴停止
N265	G91 G28 Z0;	Z 轴返回零点(换刀点)
N270	G28 X0 Y0 M19;	X、Y 轴返回零点,主轴准停
N275	T04 M06;	换 4 号刀具
N280	G90 G54 G00 X400.0 Y450.0 Z250.0 S80 M3;	

快速定位到孔 15,主轴正转,转速为 80 r/min

N285	G01 G43 H04 Z100.0 F3000;	调用 4 号刀具长度补偿,并 Z 向进刀至安全高度
N290	Z80.0;	设定初始平面
N295	G99 G86 X400.0 Y450.0 Z−55.0 R55.0 F15;	

模态调用固定循环,按 G86 循环模式镗孔 15,加工完成后返回 R 点

N300	Y250.0;	以回 R 点方式镗孔 16
N305	Y50.0;	以回 R 点方式镗孔 17
N310	G80;	取消固定循环 G86 模式
N315	M05;	主轴停止
N320	G91 G28 Z0;	Z 轴返回参考点(换刀点)
N325	G28 X0 Y0 M19;	X、Y 轴返回参考点,主轴准停
N330	M30;	程序结束

九、孔加工固定循环中重复次数的使用方法

在孔加工固定循环指令中,可以用 K 地址(K 仅在被指定的程序段内有效)指定循环重复次数。在增量方式(G91)时,如果有孔距相同的若干尺寸相同的孔,采用循环重复次

数(K)来编程是很方便的。在编程时要采用 G91、G99 方式,例如,当指令为"G91 G81 X50.0 Z-20.0 R-10.0 K6 F100"时,其运动轨迹如图 3-33 所示,如果是在绝对值方式 (G90)中,则不能钻出六个孔,仅仅在第一孔处重复调用钻孔循环六次,结果是只能钻出一个孔。

例 3-3　试采用重复固定循环方式加工如图 3-34 所示各孔,孔深为 15 mm。刀具使用 φ10 钻头,刀具号为 T01,长度补偿号为 H01。以零件的上表面为工件坐标系的 Z 向零点。

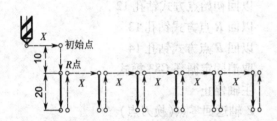

图 3-33　循环中重复次数的使用　　　图 3-34　固定循环中重复次数应用举例

O0008	程序名
N5　G54 G90 G80 G15 G21 G17;	用 G54 指定工件坐标系;绝对值编程;固定循环取消;极坐标取消;米制编程;指定 XY 平面
N10　T01 M6;	换 1 号刀具
N15　M3 S800;	主轴正转,转速为 800 r/min
N20　G00 X10.0 Y51.963 Z250.0;	快速到达起始点
N25　G01 G43 H01 Z100.0 F3000;	调用 1 号刀具长度补偿,并 Z 向进刀至安全高度
N30　Z20.0;	设定初始平面
N35　G98 G91 G81 X20.0 Y0 Z-18.0 R-15.0 F20 K4;	重复调用 G81 固定循环四次,以回初始点方式钻孔 1~4 ,注意"R = -15 mm"是指从初始点至 R 点的距离为 15 mm,方向与 Z 轴正方向相反,即 R 点的 Z 方向绝对坐标为 5 mm(20-15)
N40　X10.0 Y-17.321;	以回初始点方式钻孔 5
N45　X-20.0 Y0 K4;	以回初始点方式钻孔 6~9
N50　X-10.0 Y-17.321;	以回初始点方式钻孔 10
N55　X20.0 Y0 K5;	以回初始点方式钻孔 11~15

N60　X10.0 Y – 17.321;	以回初始点方式钻孔 16
N65　X – 20.0 Y0 K6;	以回初始点方式钻孔 17～22
N70　X10.0 Y – 17.321;	以回初始点方式钻孔 23
N75　X20.0 Y0 K5;	以回初始点方式钻孔 24～28
N80　X – 10.0 Y – 17.321;	以回初始点方式钻孔 29
N85　X – 20.0 Y0 K4;	以回初始点方式钻孔 30～33
N90　X10.0 Y – 17.321;	以回初始点方式钻孔 34
N95　X20.0 Y0 K3;	以回初始点方式钻孔 35～37
N100　G80;	取消固定循环 G86 模式
N105　M05;	主轴停止
N110　G0 G90 G49 Z250.0;	取消刀具长度补偿
N115　G91 G28 Z0;	Z 轴返回零点（换刀点）
N120　G28 X0 Y0 M19;	X、Y 轴返回零点，主轴准停
N125　M30;	程序结束

十、极坐标编程指令

用极坐标指令可以改变坐标点的指定方式为极坐标方式，即坐标点由极坐标半径与极角来指定。极坐标指令为模态指令。极坐标编程时，其半径值与角度值既可以使用绝对值方式进行指定（G90），也可以采用增量值方式进行指定（G91）。G15 指令为极坐标系指令取消，G16 指令为极坐标系指令打开，通常 G15 指令与 G16 指令在程序中成对出现。

指令格式：

　　G17/G18/G19 G16　α ＿ β ＿ ;

其中：(1)指定 G17 平面时，α ＿ β ＿表示 X ＿ Y ＿，其中 X 表示极径，Y 表示极角。

(2)指定 G18 平面时，α ＿ β ＿表示 Z ＿ X ＿，其中 Z 表示极径，X 表示极角。

(3)指定 G19 平面时，α ＿ β ＿表示 Y ＿ Z ＿，其中 Y 表示极径，Z 表示极角。

例 3-4　钻削图 3-35 所示的三个孔，利用极坐标指令实现，其中钻孔深度为 – 20 mm，参考点高度 R = 5 mm。

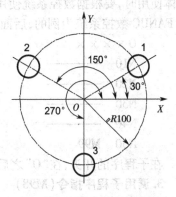

图 3-35　极坐标系编程举例

O0002	程序名
N5　G54 G90 G80 G15 G21 G17;	用 G54 指定工件坐标系；绝对值编程；固定循环取消；极坐标取消；米制编程；指定 XY 平面
N10　T01 M6;	换 1 号刀具
N15　M3 S500;	主轴正转，转速为 500 r/min
N20　G00 X0 Y0 Z200.0;	快速到达圆心点 O 上方

N25　　G01 G43 H01 Z50.0 F3000；　　调用 1 号刀具长度补偿，并 Z 向进刀至安
　　　　　　　　　　　　　　　　　　　全高度

N30　　G01 G16 X100.0 Y30.0；　　　以极坐标方式，到达孔 1 的中心点，极径
　　　　　　　　　　　　　　　　　　　100 mm，极角30°

N35　　G81 X100.0 Y30.0 Z－20.0 R5.0 F120；调用钻孔循环钻孔

N40　　X100.0 Y150.0；　　　　　　　以极坐标方式，到达孔 2 的中心点，极径
　　　　　　　　　　　　　　　　　　　100 mm，极角150°，并模态调用钻孔循环

N45　　X100 Y270.0；　　　　　　　　以极坐标方式，到达孔 3 的中心点，极径
　　　　　　　　　　　　　　　　　　　100 mm，极角270°，并模态调用钻孔循环

N50　　G15 G80；　　　　　　　　　　极坐标取消，固定循环取消

N55　　M30；　　　　　　　　　　　　程序结束

十一、子程序

1. 子程序的概念

假如一组程序段在一个程序中多次出现，或者在几个程序段中都要使用它，为了缩短程序，可以把这组程序段抽出来，按照数控系统所规定的格式写成一个新的程序单独存储，以供另外的程序调用，这种程序就称之为子程序。一个子程序在执行时还可以调用另外的子程序，这就是子程序嵌套。子程序的嵌套次数由具体的数控系统所规定。调用第一层子程序的指令所在的程序称为主程序。

2. 子程序的格式

子程序的格式如下（注：由于所使用的数控系统的不同，子程序的格式也不尽相同。具体使用时，要根据数控系统使用手册的规定格式使用。以下的有关子程序的格式都是以 FANUC 数控系统为例的，后面不再说明。）：

```
O××××
N10 ————
N20 ————
N30 ————
N40 ————
N50    M99
```

在子程序的开头，在"O"之后用 4 位数字表示子程序号，M99 为子程序结束指令。

3. 调用子程序指令（M98）

指令格式：

M98　　P○○○○××××；

其中，地址 P 后面所跟的数字中，后面的四位用于指定被调用的子程序的程序号，前面三位用于指定调用的重复次数。如果 P 后面的数字少于或等于四位，系统将默认 P 后面的数字为子程序号，子程序重复调用次数为 1。例如：

M98　　P61001；　　　　　　　调用 1001 号子程序，执行六次

M98　　P1001；　　　　　　　　调用 1001 号子程序，执行一次

M98　　P3；　　　　　　　　　　调用 3 号子程序，执行一次

M98　　P60003；　　　　　　　调用 3 号子程序，执行六次

子程序调用指令 M98 不能在 MDI 方式下执行,如果需要单独执行一个子程序,可以在程序编辑方式下编辑如下程序,并在自动运行方式下执行。

    O××××

    M98   P××××;

    M02

在 M99 返回主程序指令中,可以用地址 P 来指定一个顺序号,当这样的一个 M99 指令在子程序中被执行时,返回主程序后并不是执行调用子程序段之后的那个程序段,而是执行由 P 指定的顺序号的程序段。如下例:

主程序	子程序
O0105	O1011
N0010……;	N1020……;
N0020……;	N1030……;
N0030 M98 P1011;	N1040……;
N0040……;	N1050……;
N0050……;	N1060……;
N0060;	N1070 M99 P0060;

任务实施

◆ **实施条件**

配备 FANUC 0i – MC 系统的数控铣床/加工中心若干台、A3 中心钻、ϕ6.8 钻头、ϕ22.5 钻头、ϕ39.5 钻头、ϕ38～45 镗刀、ϕ8 钻头、ϕ9.8 钻头、ϕ10 铰刀、游标卡尺、和虎钳等。

◆ **工艺分析**

1. 工件定位与装夹

工件外形为立方体毛坯,可以采用和虎钳装夹或用等高垫配合压板装夹。但不论是用虎钳装夹还是用压板装夹,工件下所垫的等高垫都应避开钻孔位置。

2. 加工路线

(1)钻中心孔。由于钻头具有较长的横刃,定位性不好,因此在钻孔前先用中心钻定位。

(2)钻 8×ϕ8.6 孔。

(3)钻 2×ϕ22.5 孔,并用 ϕ22.5 钻头钻 $\phi40^{+0.055}_{0}$ 孔的底孔。

(4)用 ϕ39.5 钻头对 $\phi40^{+0.055}_{0}$ 孔的底孔进行扩孔。

(5)精镗 $\phi40^{+0.055}_{0}$ 孔。

(6)钻 2×ϕ10H7 的底孔(ϕ8)。

(7)对 2×ϕ10H7 的底孔进行扩孔(ϕ9.8)。

(8)铰削 2×ϕ10H7 销孔。

3. 刀具及切削用量

刀具及切削用量如表 3-2 所示。

表 3-2 简单轴类零件车削工艺表

加工工序		选用刀具及切削用量				
		刀具规格			主轴转速	进给量
序号	加工内容	刀号	刀具名称	材质	/(r/min)	/(mm/min)
1	钻中心孔	T01	A3 中心钻	硬质合金	1500	100
2	钻 $\phi 8.6$ 孔	T02	$\phi 8.6$ 钻头	高速钢	1 200	100
3	钻三个 $\phi 22.5$ 孔	T03	$\phi 22.5$ 钻头	高速钢	150	30
4	扩 $\phi 40$ 孔	T04	$\phi 39.5$ 钻头	高速钢	100	30
5	精镗 $\phi 40$ 孔	T05	$\phi 38 \sim \phi 45$ 精镗刀	硬质合金	1 000	50
6	钻销孔	T06	$\phi 8$ 钻头	高速钢	1 200	100
7	扩销孔	T07	$\phi 9.8$ 钻头	高速钢	800	100
8	铰削销孔	T08	$\phi 10$ 铰刀	硬质合金	120	30

◆ 程序编制

选择工件上表面为程序原点($Z0$),XY 方向坐标原点如图 3-1 所示,参考程序如表 3-3 所示。

表 3-3(a) 零件加工程序

	O0001	程序名
程序段号	程序段内容	程序段含义解释
N5	G54 G90 G21 G49 G40 G80;	系统初始化;G54 设定工件坐标系;公制编程;取消刀具长度补偿;取消刀具半径补偿;取消固定循环模式
N10	G00 X200.0 Y200.0 Z250.0;	快速定位至安全换刀点
N15	T01 M06;	换 1 号刀具,$\phi 125$ mm 面铣刀
N20	S1500 M3;	主轴正转,转速为 1 500 r/min
N25	G00 X - 60.0 Y0;	快速定位至切削起始点
N30	G01 G43 H01 Z20.0 F1000;	Z 方向调用 1 号刀具长度补偿,并下刀至初始平面
N35	G99 G81 X - 60.0 Y0 R5.0 Z - 3.0 F100;	模态调用固定循环,按 G81 循环模式钻中心孔,加工完成后返回安全平面
N40	X60.0 Y0;	
N45	X0 Y50.0;	
N50	X0 Y0;	
N55	X0 Y - 50.0;	
N60	G80;	取消固定循环
N65	M98 P0010;	调用 10 号子程序,对圆周均布的八个孔钻中心孔
N70	G00 G49 Z250.0 M09;	取消刀具长度补偿

程序段号	程序段内容	程序段含义解释
N75	G00 X200.0 Y200.0 Z250.0;	快速定位至安全换刀点
N80	T02 M06;	换 2 号刀具，ϕ8.6 钻头
N85	S1200 M3;	主轴正转，转速为 1 200 r/min
N90	G00 X0 Y0 M08;	快速定位至坐标原点，打开切削液
N95	G01 G43 H02 Z20.0 F1000;	Z 方向调用 2 号刀具长度补偿，并下刀至初始平面
N100	M98 P0011;	调用 11 号子程序，钻削圆周均布的八个孔
N105	G00 G49 Z250.0 M09;	取消刀具长度补偿
N110	G00 X200.0 Y200.0 Z250.0;	快速定位至安全换刀点
N115	T03 M06;	换 3 号刀具，ϕ22.5 钻头
N120	S150 M3;	主轴正转，转速为 150 r/min
N125	G00 X - 60.0 Y0 M08;	快速定位至起刀点，打开切削液
N130	G01 G43 H03 Z20.0 F1000;	Z 方向调用 3 号刀具长度补偿，并下刀至初始平面
N135	G99 G83 X - 60.0 Y0 Z - 25.0 R5.0 Q5.0 F30;	模态调用固定循环，按 G83 循环模式钻孔，加工完成后返回安全平面
N140	X0 Y0;	
N145	X60.0 Y0;	
N150	G80;	取消固定循环
N155	G00 G49 Z250.0 M09;	取消刀具长度补偿
N160	G00 X200.0 Y200.0 Z250.0;	快速定位至安全换刀点
N165	T04 M06;	换 4 号刀具，ϕ39.5 钻头
N170	S100 M3;	主轴正转，转速为 100 r/min
N175	G00 X0 Y0 M08;	快速定位至起刀点，打开切削液
N180	G01 G43 H04 Z20.0 F1000;	Z 方向调用 4 号刀具长度补偿，并下刀至初始平面
N185	G99 G81 X0 Y0 R5.0 Z - 25.0 F30;	模态调用固定循环，按 G81 循环模式钻孔，加工完成后返回安全平面；用 ϕ39.5 钻头对 $\phi40^{+0.055}_{0}$ 孔的底孔进行扩孔
N190	G80;	取消固定循环
N200	G00 G49 Z250.0 M09;	取消刀具长度补偿
N205	G00 X200.0 Y200.0 Z250.0;	快速定位至安全换刀点
N210	T05 M06;	换 5 号刀具，$\phi40^{+0.055}_{0}$ 镗孔刀具
N215	S1000 M3;	主轴正转，转速为 1 000 r/min
N220	G00 X0 Y0 M08;	快速定位至起刀点，打开切削液
N225	G01 G43 H05 Z20.0 F1000;	Z 方向调用 5 号刀具长度补偿，并下刀至初始平面
N230	G98 G76 X0 Y0 Z - 25.0 R5.0 Q1.0 P1000 F50;	模态调用固定循环，按 G76(精镗孔循环指令)循环模式精镗 ϕ40 孔，加工完成后返回初始平面，孔底定向并让刀 1 mm（避免退刀时，刀尖划伤已加工表面），孔底暂停 1s
N235	G80;	取消固定循环
N240	G00 G49 Z250.0 M09;	取消刀具长度补偿

程序段号	程序段内容	程序段含义解释
N245	G00 X200.0 Y200.0 Z250.0;	快速定位至安全换刀点
N250	T06 M06;	换6号刀具,ϕ8钻头
N255	S1200 M3;	主轴正转,转速为1 200 r/min
N260	G00 X0 Y50.0 M08;	快速定位至起刀点,打开切削液
N265	G01 G43 H06 Z20.0 F1000;	Z方向调用6号刀具长度补偿,并下刀至初始平面
N270	G99 G81 X0 Y50.0 R5.0 Z-25.0F100;	模态调用固定循环,按G81循环模式钻孔,加工完成后返回安全平面;钻2×ϕ10H7的底孔(ϕ8)
N275	X0 Y-50.0;	
N280	G80;	取消固定循环
N285	G00 G49 Z250.0 M09;	取消刀具长度补偿
N290	G00 X200.0 Y200.0 Z250.0;	快速定位至安全换刀点
N295	T07 M06;	换7号刀具,ϕ9.8钻头
N300	S800 M3;	主轴正转,转速为800 r/min
N305	G00 X0 Y50.0 M08;	快速定位至起刀点,打开切削液
N310	G01 G43 H07 Z20.0 F1000;	Z方向调用7号刀具长度补偿,并下刀至初始平面
N315	G99 G81 X0 Y50.0 R5.0 Z-25.0 F100;	模态调用固定循环,按G81循环模式钻孔,加工完成后返回安全平面;对2×ϕ10H7的底孔进行扩孔(ϕ9.8)
N320	X0 Y-50.0;	
N325	G80;	取消固定循环
N330	G00 G49 Z250.0 M09;	取消刀具长度补偿
N335	G00 X200.0 Y200.0 Z250.0;	快速定位至安全换刀点
N340	T08 M06;	换8号刀具,ϕ10铰刀
N345	S120 M3;	主轴正转,转速为120 r/min
N350	G00 X0 Y50.0 M08;	快速定位至起刀点,打开切削液
N355	G01 G43 H08 Z20.0 F1000;	Z方向调用8号刀具长度补偿,并下刀至初始平面
N360	G99 G85 X0 Y50.0 R5.0 Z-25.0 F30;	模态调用固定循环,按G85循环模式铰孔,加工完成后返回安全平面;铰削2×ϕ10H7销孔
N365	X0 Y-50.0;	
N370	G80;	取消固定循环
N375	G00 G49 Z250.0 M09;	取消刀具长度补偿
N380	G00 X200.0 Y200.0 Z250.0;	快速定位至安全换刀点
N385	T00 M06;	将刀具放回刀具库
N390	M30	程序结束

表3-3(b) 圆周均布钻中心孔子程序

O0010		子程序名
程序段号	程序段内容	程序段含义解释
N5	G01 Z20.0 F1000 ;	Z方向接近工件
N10	G17 G90 G16;	指定极坐标指令和选择XY平面,设定工件坐标系的零点作为极坐标的原点
N15	G99 G81 X30.0 Y0 R5.0 Z-3.0 F100;	模态调用固定循环,按G81循环模式钻中心孔,加工完成后返回安全平面。注意,此处孔在XY平面的定位是以极坐标模式定位,即X坐标表示极径;Y坐标表示极角
N20	Y45.0;	
N25	Y90.0;	
N30	Y135.0;	
N35	Y180.0;	
N40	Y225.0;	
N45	Y270.0;	
N50	Y315.0;	
N55	G15 G80;	取消极坐标模式与固定循环模式
N60	M99;	子程序结束,返回主程序

表3-3(c) 圆周均布钻孔子程序

O0011		子程序名
程序段号	程序段内容	程序段含义解释
N5	G01 Z20.0 F1000 ;	Z方向接近工件
N10	G17 G90 G16;	指定极坐标指令和选择XY平面,设定工件坐标系的零点作为极坐标的原点
N15	G99 G81 X30.0 Y0 R5.0 Z-15.0 F100;	模态调用固定循环,按G81循环模式钻孔,加工完成后返回安全平面。注意,此处孔在XY平面的定位是以极坐标模式定位,即X坐标表示极径;Y坐标表示极角
N20	Y45.0;	
N25	Y90.0;	
N30	Y135.0;	
N35	Y180.0;	
N40	Y225.0;	
N45	Y270.0;	
N50	Y315.0;	
N55	G15 G80;	取消极坐标模式与固定循环模式
N60	M99;	子程序结束,返回主程序

◆加工操作

1. 加工准备

(1)阅读零件图,并检查坯料的尺寸。

(2)机床开机、回零。

(3)输入程序并检查该程序。

(4)工件的装夹与对刀操作。工件属立方体毛坯,故可采用平口虎钳装夹,一次装夹可完成所有工序内容的加工。

2. 对刀,设定工作坐标系

(1)X、Y方向对刀。

通过寻边器进行对刀,得到X、Y零点偏置值,并输入G54中。

(2)Z方向对刀。

Z方向对刀参阅前面基础知识。

3. 程序校验

把工件坐标系的Z值朝Z轴正方向平移50 mm,方法是在工件坐标系参数G54中向Z轴正方向偏移50 mm(如G54中原来Z坐标偏置为-213.0,向上偏移50 mm后,应为-163.0),然后运行程序,并适当降低进给速度,检查刀具运动是否正确。

4. 工件加工

把工件坐标系的Z偏置值恢复原值,将进给速度打到抵挡,按下循环启动按钮。机床加工时适当调整主轴转速和进给速度,保证加工正常。

5. 尺寸测量

加工结束后对工件进行检验,确定其尺寸是否符合图样要求。对超差尺寸在可以修复的情况下继续加工,直到符合图样要求。

6. 结束加工

松开夹具,卸下工件,清理机床。

◆**检验评分**

将对学生任务完成情况的检测与评价填入表3-4中。

表3-4　孔系加工检测评价表

序号	检查项目	检查内容及要求	配分	学生自检	教师检测	得分
1	确定工艺	1.选择装夹与定位方式;	10			
		2.选择刀具;				
		3.确定加工路径;				
		4.选择合理切削用量				
2	编制程序	1.编程坐标系设置合理;	10			
		2.指令使用与程序格式正确				
3	安全文明	1.安全操作;	10			
		2.设备维护与保养				
4	规范操作	1.开机前检查、开机、回零;	10			
		2.工件装夹与对刀;				
		3.程序输入与校验				
5	加工精度	$\phi40^{+0.055}_{0}$尺寸加工正确	10			
6		$\phi10H7$尺寸加工正确	10			
7		$\phi8.6$尺寸加工正确	10			
8		$\phi22.5$尺寸加工正确	10			
9		孔系间的相关位置尺寸加工正确	20			
	综合评价					

◆任务反馈

(1)钻孔误差产生的原因及解决措施见表3-5。

表3-5 钻孔时误差产生的原因及解决措施

失误项目	产生原因	解决措施
钻孔偏斜	1.工件端面不平或与主轴轴线不垂直,未打中心孔	钻孔前,校平钻孔面,在端面上预钻中心孔
	2.初钻时钻头太长,刚性差,进给量过大	用短钻头初钻,以中心孔作引导,高速旋转,慢速进给;钻深孔时,换上长钻头,进给一段后,将钻头退出,清理铁屑后,再继续钻削
	3.钻头锋角不对称	修磨钻头,用量角器检验
	4.工件内部有偏孔、穿孔、砂眼、夹渣等	降低转速,减小进给量
钻孔直径过大	1.钻头直径选错	正确选用钻头
	2.钻头切削刃不对称	正确修磨钻头
	3.钻头未对准工件中心	检查钻头是否弯曲,钻夹头、钻套等是否合格,安装是否正确

(2)铰孔的精度及误差分析见表3-6。

表3-6 铰孔的精度及误差分析

失误项目	产生原因
孔径扩大	铰孔中心与底孔中心不一致
	进给量或铰削余量过大
	切削速度太高,铰刀热膨胀
	切削液选用不当或没加切削液
孔径缩小	铰刀磨损或铰刀已钝
	铰铸铁时以煤油作切削液
孔呈多边形	铰削余量太大,铰刀振动
	铰孔前钻孔不圆
表面粗糙度质量差	铰孔余量太大或太小
	铰刀切削刃不锋利
	切削速度过大,产生积削瘤
	切削液选用不当或没加切削液
	孔加工固定循环选择不合理,进退刀方式不合理
	容屑槽内切屑堵塞

（3）镗孔的精度及误差分析见表3-7。

表3-7　镗孔的精度及误差分析

失误项目	产生原因
表面粗糙度质量差	镗刀刀尖角或刀尖圆弧太小
	进给量过大或切削液使用不当
	工件装夹不牢固，加工过程中工件松动或振动
	镗刀刀杆刚度差，加工过程中工件松动或振动
	精加工时采用不合适的镗孔固定循环，进退刀时划伤工件表面
孔径超差或孔呈锥形	镗刀回转半径调整不当，与所加工孔直径不符
	试切，测量不准确
	镗刀加工过程中磨损
	镗刀刚度不足，镗刀让刀
	镗刀刀头锁紧不牢固
孔轴线与基准面不垂直	工件装夹与找正不正确
	工件定位基准选择不当

任务二　螺纹加工

任务描述

加工如图3-36所示的零件，其材料为45号钢，外形尺寸为80 mm×80 mm×10 mm，对五个通孔进行攻螺纹加工，且表面质量要求为$Ra1.6\mu m$。

技能目标

• 掌握螺纹加工常用的加工指令。
• 能选择合适的刀具攻螺纹或铣削螺纹。
• 掌握攻螺纹时底孔直径的确定方法。

知识准备

一、攻螺纹

攻螺纹是用丝锥切削内螺纹的一种加工方法（丝锥也叫"丝攻"）。丝锥是用高速钢制成的一种成型多刃刀具。编程时一般用螺纹固定循环指令来编制程序。

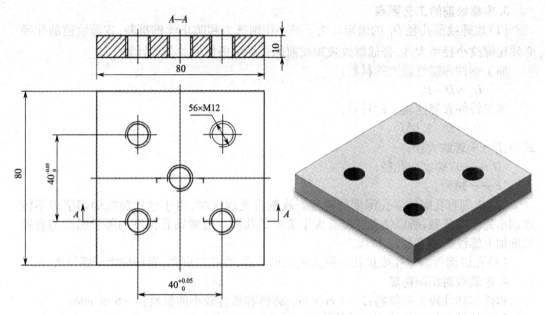

图 3-36 攻螺纹零件图样

1. 丝锥的结构

丝锥上开有 3~4 条容屑槽,这些容屑槽形成了切削刃和前角,如图 3-37(a)所示。

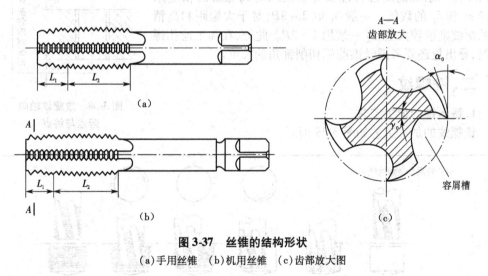

图 3-37 丝锥的结构形状

(a)手用丝锥   (b)机用丝锥   (c)齿部放大图

2. 丝锥的种类

丝锥的种类很多,但主要分手用丝锥和机用丝锥两大类,分别如图 3-37(b)、(c)所示。数控机床上用机用丝锥。机用丝锥与手用丝锥形状基本相似,只是在柄部多一环形槽,用以防止丝锥从攻丝夹头脱落,其尾柄部和工作部分的同轴度比手用丝锥要求高。

由于机用丝锥通常用单支攻丝,一次成形效率高,而且机用丝锥的齿形一般经过螺纹磨床磨削及齿侧面铲磨,攻出的内螺纹精度较高、表面粗糙度值较小。此外,由于机用丝锥所受切削抗力较大,切削速度也较高,所以常用高速钢制作。

3. 攻螺纹前的工艺要点

(1)攻螺纹前孔径 D_1 的确定。为了减小切削抗力和防止丝锥折断,攻螺纹前的孔径必须比螺纹小径稍大些,普通螺纹攻螺纹前的孔径可根据经验公式计算。

加工钢件和塑性较大的材料:

$$D_1 \approx D - P$$

加工铸件和塑性较小的材料:

$$D_1 \approx D - 1.05P$$

式中:D——螺纹大径;

D_1——攻螺纹前孔径;

P——螺距。

(2)攻制盲孔螺纹底孔深度的确定。攻制盲孔螺纹时,由于丝锥前端的切削刃不能攻制出完整的牙型,所以钻孔深度要大于规定的孔深。通常钻孔深度约等于螺纹的有效长度加上螺纹公称直径的7/10。

(3)孔口倒角。钻孔或扩孔至最大极限尺寸后,在孔口倒角,直径应大于螺纹大径。

4. 攻螺纹时切削速度

钢件和塑性较大的材料:2~4 m/min。铸件和塑性较小的材料:4~6 m/min。

5. 螺纹轴向起点和终点尺寸的确定

在数控机床上攻螺纹时,沿螺距方向应选择合理的导入距离 δ_1 和导出距离 δ_2,如图3-38所示。通常情况下,根据数控机床拖动系统的动态特性及螺纹的螺距和螺纹的精度来选择 δ_1 和 δ_2 的数值。一般 δ_1 取 2~3P,对于大螺距和高精度的螺纹则取较大值;δ_2 一般取 1~2P。此外,在加工通孔螺纹时,导出量还要考虑丝锥前端切削锥角的长度。

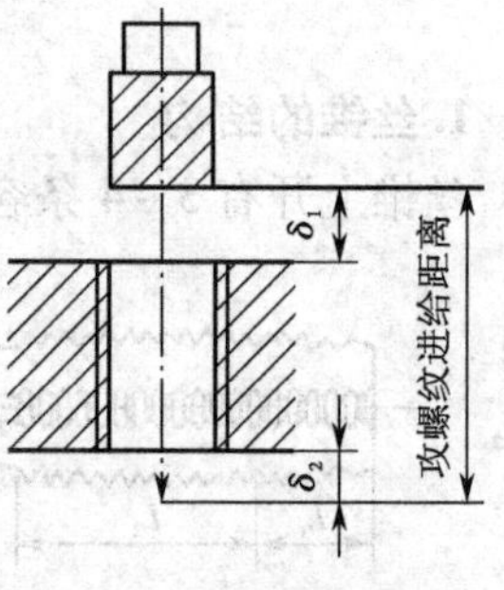

图3-38 攻螺纹轴向起点与终点

二、铣螺纹

1. 铣丝锥的加工工艺

铣螺纹的加工工艺如图3-39所示。

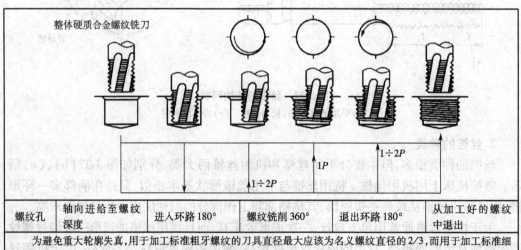

螺纹孔	轴向进给至螺纹深度	进入环路180°	螺纹铣削360°	退出环路180°	从加工好的螺纹中退出
为避免重大轮廓失真,用于加工标准粗牙螺纹的刀具直径最大应该为名义螺纹直径的2/3,而用于加工标准细牙螺纹的刀具直径最大应该为名义螺纹直径的3/4。					

图3-39 铣螺纹的加工工艺

2. 铣螺纹用刀具

铣螺纹常用刀具如图 3-40 所示。

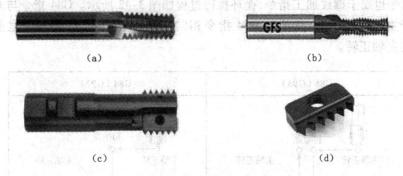

(a)   (b)

(c)   (d)

图 3-40 铣螺纹加工用刀具

(a)整体螺纹铣刀 (b)带组合倒角的整体螺纹铣刀 (c)带可换刀片的螺纹铣刀 (d)螺纹铣刀刀片

三、螺纹加工指令(G74)

1. 左旋螺纹加工指令

指令格式:

$$\begin{Bmatrix} G90 \\ G91 \end{Bmatrix} \begin{Bmatrix} G98 \\ G99 \end{Bmatrix} \quad G74 \quad X\_\_ \quad Y\_\_ \quad Z\_\_ \quad R\_\_ \quad P\_\_ \quad F\_\_;$$

G74 指令属于螺纹加工指令,循环执行过程如图 3-41 所示。其中,R 为安全平面高度(一般要求不得小于 7 mm);P 为丝锥在孔底暂停的时间(单位为 ms);F 为进给速度,其中 F 的计算公式为

进给速度 F = 转速(r/min) × 螺距(mm)

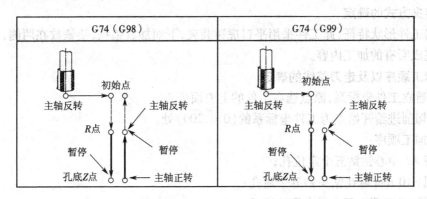

图 3-41 G74 左旋螺纹加工指令

在使用左螺纹加工指令时,循环开始以前必须用 M04 指令使主轴反转。此外,在 G74 或 G84 循环执行时,进给倍率开关和进给保持开关的作用将被忽略,即进给倍率被保持在 100%,而且在一个固定循环执行完毕之前不能中途停止。

2. 右旋螺纹加工指令(G84)

指令格式:

$$\begin{Bmatrix} G90 \\ G91 \end{Bmatrix} \begin{Bmatrix} G98 \\ G99 \end{Bmatrix} \quad G84 \quad X\_ \quad Y\_ \quad Z\_ \quad R\_ \quad P\_ \quad F\_;$$

　　G84 指令也属于螺纹加工指令,循环执行过程如图 3-42 所示。G84 指令与 G74 指令的区别在于主轴旋向相反,其他与 G74 指令相同。另外,在 G84 循环指令之前必须用 M03 指令使主轴正转。

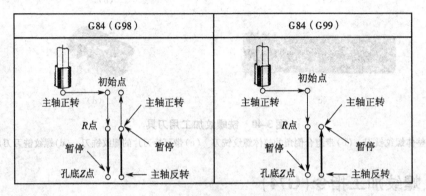

图 3-42　G84 右旋螺纹加工指令

 任务实施

◆ **实施条件**

　　配备 FANUC 0i – MC 系统的数控铣床/加工中心若干台,A2 中心站、ϕ10 mm 麻花钻头、精镗刀、M12 机用丝锥、游标卡尺、平口虎钳等。

◆ **工艺分析**

1. 装夹方式的确定

　　根据工件形状特征,此工件采用平口虎钳装夹,下面加放垫铁,垫铁放在两侧,一次装夹可以完成所有的加工内容。

2. 加工顺序以及走刀路线的确定

　　(1)建立工件坐标系,原点选在工件的上表面中心。

　　(2)切削进给开始点为工件坐标系的(0,0,200)处。

　　(3)加工顺序:

　　①用 A2 中心钻钻五个定位孔;

　　②用 ϕ10 mm 麻花钻头钻五个通孔;

　　③用精镗刀精镗五个通孔至 ϕ10.5 mm;

　　④最后使用 M12 机用丝锥攻螺纹。

3. 切削用量的确定

　　(1)A2 中心站:主轴转速 $n = 1\,000$ r/min,进给量 $f_m = 50$ mm/min。

　　(2)ϕ10 mm 麻花钻:主轴转速 $n = 500$ r/min,进给量 $f_m = 60$ mm/min。

　　(3)精镗刀:主轴转速 $n = 1\,000$ r/min,进给量 $f_m = 50$ mm/min。

　　(4)攻螺纹时主轴转速和进给速度要符合图样要求,由于 M12 标准螺纹的螺距是

1.5 mm,故确定主轴转速 $n = 100$ r/min,进给速度为 $f_m = 150$ mm/min。

◆ 程序编制

略去前面三道工序,假定攻螺纹前孔的加工准备工作已经全部做完,只考虑攻螺纹加工程序。参考程序如表 3-8 所示。

表 3-8 零件加工程序

O0001		程序名
程序段号	程序段内容	程序段含义解释
N5	G54 G90 G21 G49 G40 G80;	系统初始化;G54 设定工件坐标系;公制编程;取消刀具长度补偿;取消刀具半径补偿;取消固定循环模式
N10	G00 X200.0 Y200.0 Z250.0;	快速定位至安全换刀点
N15	T04 M06;	换 4 号刀具,M12 机用丝锥
N20	S100 M3;	主轴正转,转速为 100 r/min
N25	G00 X0 Y0 M08;	快速定位至切削起始点,打开切削液
N30	G01 G43 H04 Z30.0 F1000;	Z 方向调用 4 号刀具长度补偿,并下刀至初始平面
N35	G99 G84 X0 Y0 Z – 12.0 R5.0 P300 F150;	模态调用固定循环,按 G84 循环模式攻丝,加工完成后返回安全平面;设定进给量为 150 mm/min;主轴丝锥由初始平面处快速下降到安全平面 $R = 5$ mm 处,攻螺纹到指定深度后暂停 0.3 s(P300),主轴反转返回 R 点,返回后主轴正转,为攻下一个螺纹孔做好准备
N40	X – 20.0 Y20.0;	攻第二个螺纹孔
N45	X20.0 Y20.0;	攻第三个螺纹孔
N50	X20.0 Y – 20.0;	攻第四个螺纹孔
N55	X – 20.0 Y – 20.0;	攻第五个螺纹孔
N60	G80;	取消固定循环模式
N65	G00 G49 Z250.0 M09;	Z 方向退刀,取消刀具长度补偿,关闭切削液
N70	M30	程序结束

◆ 加工操作

1. 加工准备

(1)阅读零件图(图 3-36),并检查坯料的尺寸。

(2)机床开机、回零。

(3)输入程序并检查该程序。

(4)装夹工件,露出加工的部位,避免刀头碰到夹具;打表校验工件基准面的水平误差和垂直度误差,并确保夹紧后的定位精度。

2. 对刀,设定工作坐标系

1)X、Y 方向对刀

用光电式或机械式寻边器进行对刀,得到 X、Y 零点偏置值,并输入 G54(或 G55 ~ G59)零点偏置寄存器,认真检查零点偏置数据的正确性。

2)Z 方向对刀

Z 方向对刀参阅前面基础知识。

3. 程序校验

把工件坐标系的 Z 值朝 Z 轴正方向平移 50 mm,方法是在工件坐标系参数 G54 中向 Z 轴正方向偏移 50 mm(如,G54 中原来 Z 坐标偏置为 −213.0,向上偏移 50 mm 后,应为 −163.0),然后运行程序,并适当降低进给速度,检查刀具运动是否正确。

4. 工件加工

把工件坐标系的 Z 偏置值恢复原值,将进给速度打到抵挡,按下循环启动按钮。机床加工时适当调整主轴转速和进给速度,保证加工正常。

5. 尺寸测量

螺纹的主要测量参数有螺距、大径、小径和中径尺寸。

1)大径与小径的测量

外螺纹大径和内螺纹的小径的公差一般较大,可用游标卡尺或千分尺测量。

2)螺距的测量

螺距一般可以钢板尺或螺距规测量。由于普通螺纹的螺距一般较小,所以采用钢板尺测量时,最好测量 10 个螺距的长度,然后除以 10,就得出一个较正确的螺距尺寸。

3)中径的测量

对精度较高的普通螺纹,可以用螺纹千分尺直接测量,如图 3-43 所示。所测量的千分尺的读数就是该螺纹中径的实际尺寸;也可用"三针法"进行间接测量(三针测量法仅适用于外螺纹的测量),但需通过计算才能得到其中径尺寸。

4)综合测量

综合测量是指用螺纹塞规或螺纹环规的通、止规综合检查内、外普通螺纹是否合格,如图 3-44 所示。使用螺纹量规时,应按其对应的公差等级进行选择。

图 3-43　孔系加工

图 3-44　综合测量

6. 结束加工

松开夹具,卸下工件,清理机床。

◆检验评分

将对学生任务完成情况的检测与评价填入表 3-9 中。

表 3-9　螺纹加工检测评价表

序号	检查项目	检查内容及要求	配分	学生自检	教师检测	得分
1	确定工艺	1. 选择装夹与定位方式 2. 选择刀具 3. 确定加工路径 4. 选择合理切削用量	10			
2	编制程序	1. 编程坐标系设置合理 2. 指令使用与程序格式正确	10			
3	安全文明	1. 安全操作 2. 设备维护与保养	10			
4	规范操作	1. 开机前检查、开机、回零 2. 工件装夹与对刀 3. 程序输入与校验	10			
5	工件质量	$40^{+0.05}_{0}$ 中心距尺寸正确（两处）	50			
6	工件测量	测量方法正确，使用量具合理	10			
综合评价						

◆任务反馈

攻螺纹误差分析见表 3-10。

表 3-10　攻螺纹误差分析

失误项目	产生原因
螺纹乱牙或滑牙	丝锥夹紧不牢固，造成乱牙
	攻不通孔螺纹时，固定循环中的孔底平面选择过深
	切屑堵塞，没有及时清理
	固定循环程序选择不合理
丝锥折断	底孔直径太小
	底孔中心与攻螺纹主轴中心不重合
	攻螺纹夹头选择不合理，没有选择浮动夹头
尺寸不正确或螺纹不完整	丝锥磨损
	底孔直径太大，造成螺纹不完整
表面粗糙度质量差	转速太快，导致进给速度太快
	切削液选择不当或使用不合理
	切屑堵塞，没有及时清理
	丝锥磨损

拓展训练

（1）螺纹加工常出现的误差有哪些？其原因是什么？

（2）加工如图3-45所示工件，轮廓已铸造或加工成形，试选择合适的孔加工刀具并编写孔加工的加工中心程序（不考虑工件的装夹与校正）。

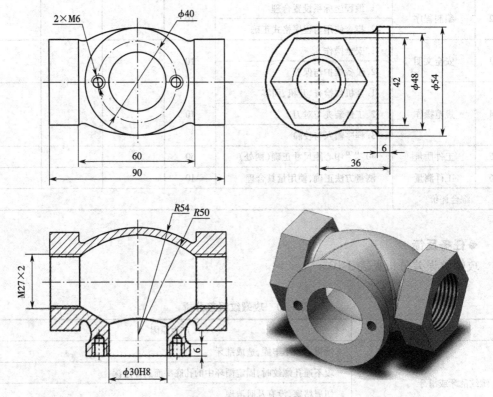

图3-45　螺纹加工练习

自动编程

　　在人们的生产生活中,有些零件是非常难加工的,这些零件几何结构复杂,难于用精准的数学模型进行描述,有些甚至是由自由曲面构成的。譬如电视机的后盖、手机外壳模具等,如图 4-1 所示。这类零件在数控机床上加工时,用手工编程极为困难,甚至无法用手工编程。这时可以用 CAM 软件进行辅助编程,企业常用的 CAM 软件有 UG、Pro-Engineer、Solidworks 数控加工插件、Cimatron、Master CAM、Power MILL、CAXA 等,本项目以国产 CAXA 制造工程师 2013 软件为例来介绍零件的自动编程。

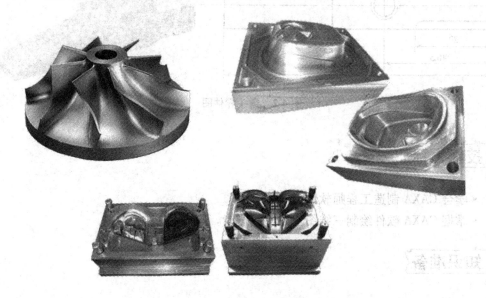

图 4-1　常见的复杂零件

学习目标

◇掌握 CAXA 制造工程师 2013 软件使用方法和技巧。
◇能够用 CAXA 制造工程师 2013 软件对典型零件进行造型。
◇掌握中等复杂零件工艺制定及各种加工轨迹的生成方法。

◇掌握 CAXA 制造工程师 2013 软件的后置设置及数控代码生成。

任务一　　CAXA 三维造型

 任务描述

用 CAXA 制造工程师 2013 软件,对图 4-2 零件进行三维造型。

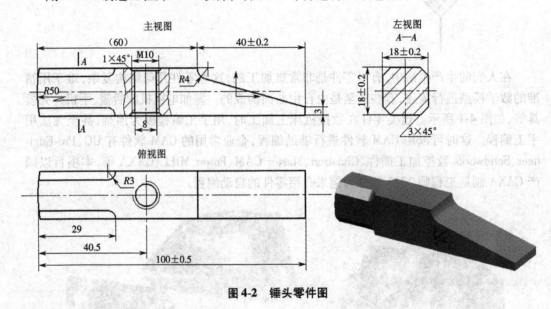

图 4-2　锤头零件图

技能目标

- 学会 CAXA 制造工程师软件的使用方法。
- 掌握 CAXA 软件绘制三维图形的实践技能。

知识准备

一、自动编程的概念

数控加工程序编制是数控加工技术的重要组成部分,程序编制质量的高、低直接影响到零件加工的质量和效率。因而,高质量、高效率的编程方法,一直是数控技术研究的重要课题之一。对于简单的平面零件可以根据零件图纸用手工直接编写数控程序。但对于一些形状复杂的零件或具有空间曲面几何特征的零件,在编程时工作量非常大,计算非常复杂,甚至在许多情况下用手工编程是不可能完成的。

自动编程的特点是应用计算机来代替人的劳动,使编程人员不再参与计算、数据处理、编写零件加工程序单和制作控制介质等工作,而只需要使用"描述语言"编写输入计算机的"零件源程序"(源程序有别于手工编程的加工程序,它不能直接被数控机床所接受,必须经过计算机的编译并经后置处理后,才能输出数控加工程序给数控机床),即用语言和符号来描述零件图纸上所表示的几何形状,并用同样的手段描述切削加工时刀具相对工件的运行轨迹、顺序、刀具转速等其他工艺参数,计算机通过适当的媒介阅读上述内容,并进行翻译和必要的计算,然后控制计算机的输出设备,直接得到数控机床所需的控制介质,即数控目标程序、零件加工程序单和零件图形或刀具运行轨迹。

由于计算机自动编程可代替编程人员完成烦琐的数值计算工作,并且省去了书写程序单及制作穿孔纸带的工作量,因而可以将编程效率提高几十倍甚至上百倍,而且还解决了用手工编程无法解决的复杂零件编程的难题。

自动编程按零件信息输入方式的不同,可分为语言输入方式(如自动编程语言,APT)、图形输入方式(图形交互式自动编程系统)和语音输入方式三种。语言输入方式是指被加工零件的几何尺寸、工艺要求、切削参数以及各种辅助信息都是用一种特殊的语言编写成源程序后,输入到计算机中,再由计算机经过信息处理、加工等步骤,最终得到零件加工程序单及穿孔纸带。图形输入方式是指用图形输入设备(如数字化仪)及图形信息直接输入给计算机并在 CRT 上显示出来,再进一步处理,最终得到加工程序及控制介质。语音输入方式又称为语音编程,它采用语音识别器,将操作员发出的加工语音转变为加工程序。与 APT 语言自动编程和语音自动编程相比,图形交互式自动编程具有更高的灵活性、更高的效率和更高的准确性。随着计算机技术和软件技术的发展,图形交互式自动编程的应用日益广泛。基于这种原因,现在的自动编程一般是指图形交互式自动编程。

自动编程根据数控系统与程序编制系统联系的紧密程度,又可分为离线程序编制和在线程序编制。与数控系统相分离,独立的程序编制系统被称为离线程序编制系统。这种程序编制系统可为多台数控设备编制程序,其功能往往多而强。程序编制时间不占用机床工作时间,程序编制好后可以通过计算机网络传输到数控系统,使程序编制系统与数控机床并行工作,可以极大地提高数控机床的利用率。随着数控技术的不断发展,现代数控系统不仅可用于控制机床,而且还可以用于自动编程,这种自动编程与数控系统融合在一起的方法称为在线程序编制。

二、图形交互式自动编程的特点和基本步骤

图形交互式自动编程是一种计算机辅助编程技术。它是通过专用的计算机软件来实现的。这种软件通常以 CAD 软件为基础,利用 CAD 软件的图形编辑功能将零件的几何图形绘制到计算机上,形成零件的图形文件,然后调用数控编程模块,采用人机交互的方式在计算机屏幕上指定被加工的部位,再输入相应的加工参数,计算机便可自动进行必要的数字处理并编制出数控加工程序,同时在计算机屏幕上动态地显示出刀具的加工轨迹。很显然,这种编程方法和手工编程及 APT 语言自动编程相比,具有速度快、精度高、直观性好、使用简便、便于检查等优点。因此,图形交互式自动编程已经成为目前国内外先进的 CAD/CAM 软件所普遍采用的数控编程方法。

1. 图形交互式自动编程的特点

图形交互自动编程是一种全新的编程方法,与手工编程及 APT 语言自动编程相比

较,具有以下几个特点。

(1)这种编程方法的整个编程过程是交互进行的,而不是像 APT 语言编程那样,事先用数控语言编好源程序,然后由计算机以批处理的方式运行,生产数控加工程序。这种交互式的编程方法简单易学,在编程过程中可以随时发现问题进行修改。

(2)这种编程方法既不像手工编程那样需要用复杂的数学计算算出各个节点的坐标数据,也不需要像 APT 语言编程那样,用数控编程语言去编写描述零件几何形状、加工走刀过程及后置处理的源程序,而是在计算机上直接面向零件的几何图形以光标指点、菜单选择以及交互式对话的方式进行编程,其编程结果也是以图形方式显示在计算机上。所以该方法具有简便、直观、准确、便于检查的优点。

(3)计算过程中,图形数据的提取、节点数据的计算、程序的编制及输出都是计算机自动进行的。因此,编程的速度快、效率高、准确性好。

(4)通常图形交互式自动编程软件和相应的 CAD 软件是有机地连接在一起的一体化软件系统,既可用来进行计算机辅助设计,又可直接调用设计好的零件图进行交互编程,对实现 CAD/CAM 一体化极为有利。

(5)此类软件都是在通用计算机上运行的,不需要专用的编程机,所以便于普及推广。

基于上述特点,图形交互式自动编程是一种先进的自动编程技术,是自动编程软件的发展方向。目前国内外先进的编程软件普遍采用了这种编程技术。

2. 图形交互式自动编程的基本步骤

目前,国内、外图形交互式自动编程软件的种类很多,其软件功能、面向用户的接口方式有所不同,所以编程的具体过程及编程过程中所使用的指令也不尽相同。但从总体上讲,其编程的基本原理及基本步骤都是大同小异的。归纳起来可以分为五个步骤:零件图纸及加工工艺分析、几何造型、刀位轨迹计算及生成、后置处理、程序输出。

1)零件图纸及加工工艺分析

零件图纸及加工工艺分析是数控编程的基础。图形交互式自动编程和手工编程、APT 语言编程都要首先进行这项工作。因为图形交互式自动编程需要将零件被加工部位的图形准确地绘制在计算机上,并需确定有关工件的装夹位置、工件坐标系、刀具尺寸、加工路线及加工工艺参数等数据之后才能进行编程。所以作为编程前期准备工作的加工工艺分析的任务主要有:核准零件的几何尺寸、公差及精度要求;确定零件相对机床坐标系的装夹位置以及被加工部位所处的坐标平面;选择刀具并准确测定刀具有关尺寸;确定加工路线;确定工件坐标系、编程零点、找正基准面及对刀点;选择合适的工艺参数。

2)几何造型

几何造型就是利用图形交互式自动编程软件的图形编辑功能,将零件被加工部位的几何图形精确地绘制在计算机屏幕上。从另一个角度看,绘制几何图形的过程也就是形成计算机图形文件的过程。它相当于在 APT 语言自动编程中,用数控语言定义零件的几何图形的过程,两者最后都形成了零件的图形描述数据,只不过它们输入计算机的方式不同。APT 用的是语言,而图形交互式自动编程软件是用计算机绘图的方法将零件的图形数据输入到计算机中。这些图形数据是下一步刀位轨迹计算的依据。自动编程过程中,软件将根据加工要求自动提取这些数据,进行分析判别和必要的数学处理,以形成加工的刀位轨迹数据。图形数据的准确与否直接影响着最后所生成加工代码的准确性,所以要求几何造型必须准确无误。在计算机上进行几何造型,不需要计算节点的坐标值,而是利用软件丰富的图形绘制、编辑、修改功能,采用类似手工绘图中所使用的几何作图的方法,在计算机上利用各种几何造型指令绘制构造零件的几何图形。

3)刀位轨迹计算及生成

图形交互式自动编程的刀位轨迹的生成过程,实际上是人和计算机屏幕上的图形进行信息交互的过程。其基本过程是这样的:首先在刀位轨迹生成菜单中选择所需的菜单项,然后根据屏幕提示,用光标选择相应的图形目标,指定相应的坐标点,输入所需的各种参数。软件将自动从图形文件中提取编程所需的信息,进行分析判断,计算出节点坐标,并将其转换成刀位数据,存入指定的刀位文件中或直接进行后置处理生成数控加工程序,同时在屏幕上显示出刀位轨迹图形。

刀位轨迹生成大致有四种:点位加工刀位轨迹的生成;平面轮廓加工刀位轨迹的生成;凹槽加工刀位轨迹的生成;曲面加工刀位轨迹的生成。

4)后置处理

后置处理的目的是形成与特定的数控系统相对应的数控指令文件。由于各种机床所使用的数控系统不同,从而导致所用数控指令文件的代码及格式也是会有差异的。这样一来,对于同一个图形文件,在生成数控指令文件时就需要根据不同的数控系统生成不同的指令代码。为了解决这个问题,软件通常设置一个后置处理文件。在进行后置处理前,编程人员需对该文件进行编辑,按文件规定的格式定义数控指令文件所使用的代码、程序格式、圆整化方式等内容,软件在执行后置处理命令时将自行按设计文件定义的内容,输出所需要的数控指令文件。另外,由于某些软件采用固定的模块化结构,其功能模块和控制系统是一一对应的,后置处理过程已经固化在模块中,所以在生成刀位轨迹的同时便自动进行后置处理生成数控指令文件,而无须再进行后置处理。

5)程序输出

由于图形交互式自动编程软件在编程过程中,可在计算机内自动生成刀位轨迹图形文件和数控指令文件,所以程序的输出可以通过计算机的各种外围设备来进行。如使用打印机可以打印出数控加工程序单,而且可以将刀位轨迹图打印到纸上,使机床操作者很直观地了解实际的刀具运行轨迹;使用由计算机直接驱动的纸带穿孔机,可将加工程序输出为穿孔纸带,提供给有读带装置的数控系统使用。如果数控系统配备有软磁盘驱动器,可以直接把加工程序输出到软磁盘上。同样如果数控系统配备有串行接口或者是以太网卡接口,还可以将计算机与数控系统用通信电缆连接起来,由计算机将加工程序直接传送给数控系统。

三、CAD/CAM 技术现状与典型产品介绍

1. CAD/CAM 技术的现状

随着计算机硬件技术的发展,CAD/CAM 软件系统的运行平台经历了大/中型机、小型机、工作站和微机几个阶段。目前主要运行在工作站和微机平台上,当前市场主要有两类工作站,一类是基于 RISC(精简指令系统计算机)处理器的 Unix 工作站,另一类是基于 Intel 处理器的 NT 工作站。Unix 工作站具有 64 位的计算能力,性能优越,图形处理速度

快,但价格较贵,这在一定程度上限制了它的推广。随着 Pentium 芯片和 Windows 操作系统的不断升级,微机性价比的提高,网络功能的增强,国内外的 CAD/CAM 软件公司纷纷将产品从 Unix 平台向微机平台移植,如 Pro/Engineer、I-DEAS、UGⅡ等,甚至出现了诸如 SolidWorks、Mastercam、CAXA、开目 CAD 这样在 Windows 平台上开发的产品。由于微机的价格比工作站低,而性能并不比低档工作站逊色多少,这使得微机 CAD/CAM 系统迅速普及开来。

现在的 CAD/CAM 软件在建模方法上基本都采用了特征建模和基于约束的参数化和变量化建模方法。目前国外流行的 CAD 系统在二、三维模型之间以及与 CAM 之间有标准的数据接口。三维 CAD 的应用,产品的三维数字化定义,成为制造业信息化的源头,不仅为产品和工装模具的数控加工提供了几何模型,还可以利用零件的三维实体模型进行装配干涉检查、机构运动分析、有限元分析及其前/后置处理等工程分析。在 CAM 方面,广泛采用图形交互式数控编程和加工仿真。一些大型的 CAD/CAM 系统还提供功能强大的开发工具,可用 C、C + +进行二次开发。

2. 国内、外主流 CAD/CAM 系统

1)Pro/Engineer 系统

该系统是美国参数技术公司(PTC)的产品。它开创了三维 CAD/CAM 参数化的先河。该系统采用单一数据库、参数化、基于特征、全相关的概念,它是一个将设计至生产全过程集成到一起的机械 CAD/CAE/CAM 系统(CAE,计算机辅助工程分析)。各模块之间具有真正的相关性,可建立产品协同商务环境,实现产品的协同管理和生产管理。Pro/Engineer 系统的核心技术具有以下几个特点。

(1)基于特征。将某些具有代表性的平面几何形状定义为特征,并将其所有尺寸存为可变参数,进而形成实体,以此为基础进行更为复杂的几何形体的构建。

(2)全尺寸约束。将形状和尺寸结合起来考虑,通过尺寸约束实现对几何形状的控制。

(3)尺寸驱动设计修改。通过编辑尺寸数值可以改变几何形状。

(4)全数据相关。尺寸参数的修改可使其他模块中的相关尺寸得以更新。如果要修改零件的形状,只需修改一下零件上的相关尺寸即可。

2)UG(Unigraphics)系统

UG 是美国 UGS(Unigraphics Solutions)公司开发经销的,不仅具有复杂造型和数控加工的功能,还具有管理复杂产品装配、进行多种设计方案的对比分析和优化等功能。该软件具有较好的二次开发环境和数据交换能力。其庞大的模块群为企业提供了从产品设计、产品分析、加工装配、检验,到过程管理、虚拟运作等全系列的技术支持,由于软件运行对计算机的硬件配置有很高要求,其早期版本只能在小型机和工作站上使用。随着微机配置的不断升级,已开始在微机上使用。目前该软件在国际 CAD/CAE/CAM 市场上占有较大份额。UGⅡ具有丰富的数控加工编程能力,是目前市场上数控加工编程能力最强的 CAD/CAM 集成系统之一,其功能包括:车削加工编程,型芯和型腔铣削加工编程,固定轴铣削加工编程,清根切削加工编程,可变轴铣削加工编程,顺序铣削加工编程,线切割加工编程,刀具轨迹干涉处理,刀具轨迹验证、切削加工过程仿真与机床仿真,通用后置处理。

3）CATIA 系统

CATIA 是由法国达索公司研制的,是一个高档 CAD/CAE/CAM 系统,广泛用于航空、汽车等领域。CATIA 是最早实现曲面造型的软件,它开创了三维设计的新时代,它的出现,首次实现了计算机完整描述产品零件的主要信息,使 CAM 技术的开发有了现实的基础。目前 CATIA 系统已发展为从产品设计、产品分析、加工、装配和检验,到过程管理、虚拟运作等众多功能的大型 CAD/CAE/CAM 软件。CATIA 系统具有菜单接口和刀具轨迹验证能力,其主要编程功能是常用的多坐标点位加工编程、表面区域加工编程、轮廓加工编程、型腔加工编程。其编程功能主要有以下两个特点。

（1）在型腔加工编程功能上,采用扫描原理对带岛屿的型腔进行行切法编程;对不带岛屿的任意边界型腔(即不限于凸边界)进行环切法编程。

（2）在雕塑曲面区域加工编程功能上,可以连续对多个零件面编程,并增加了截平面法生成刀具轨迹的功能。

4）I – DEAS 系统

I – DEAS 系统是美国 SDRC 公司开发的一套完整的 CAD/CAM 系统,其侧重点是工程分析和产品建模。它采用开放型的数据结构,把实体建模、有限元模型分析、计算机绘图、实验数据分析与综合、数控编程以及文件管理等集成为一体,因而可以在设计过程中较好地实现计算机辅助机械设计。通过公用接口以及共享的应用数据库,把软件各模块集成于一个系统中。其中实体建模是 I – DEAS 的基础,它包括了物体建模、系统组装及机构设计等模块。物体建模模块可通过定义非均匀有理 B 样条曲线构成的光滑表面来形成雕塑曲面;系统组装模块通过给定几何实体的定位来表达组件的关系,并可实现干涉检验及物理特性计算;机构设计模块用来分析机构的复杂运动关系,并可通过动画显示连杆机构的运动过程。

5）Surfcam 系统

美国加州的 Surfware 公司开发的 Surfcam 是基于 Windows 操作系统的数控编程系统,附有全新透视图基底的自动化彩色编辑功能,可迅速而又简捷地将一个模型分解为型芯和型腔,从而节省复杂零件的编程时间。该软件的 CAM 功能具有自动化的恒定 Z 水平粗加工和精加工功能,可以使用圆头、球头和方头立铣刀在一系列 Z 水平上对零件进行无撞伤的曲面铣削。对某些作业来说,这种加工方法可以提高粗加工效率和减少精加工时间。V7.0 版本完全支持基于微机的实体模型建立。另外 Surfware 公司和 Solidworks 公司签有合作协议,Solidworks 的设计部分将成为 Surfcam 的设计前端,Surfcam 将直接挂在 Solidworks 的菜单下,两者相辅相成。

6）Virtual Gibbs 模块

美国 Gibbs & Associates 公司早在 1984 年就推出 CAM 软件包,最近推出了用于实体模型建立和多曲面加工的新模块 Virtual Gibbs。这个模块可用来建立、输入、修改和加工三维实体模型和曲面,可运行于 Windows 操作系统。该软件具有过程控制功能,用户可返回到以前的任何步骤进行修改。软件能在整个模型和刀具轨迹中自动引入所作的修改,提供了最大的灵活性和效能。软件提供的多曲面加工能力,可使许多加工过程自动化处理,可用多个刀具做一次装夹加工,从而简化了编程,节省了时间。该软件还提供了 IGES 图形文件接口。

7）Mastercam 系统

Mastercam 是由美国 CNC Software 公司推出的基于 PC 平台的 CAD/CAM 软件，它具有很强的加工功能，尤其在对复杂曲面自动生成加工代码方面，具有独到之处。由于 Mastercam 主要针对数控加工，零件的设计造型功能不强，但对硬件的要求不高，操作灵活、易学、易用且价格较低，受到中小企业的欢迎。

8）Cimatron 系统

Cimatron 是以色列 Cimatron Technologies 公司提供的 CAD/CAE/CAM 软件，是较早在微机平台上实现三维 CAD/CAM 的全功能系统。它具有三维造型、生成工程图、数控加工等功能，具有各种通用和专用的数据接口及产品数据管理功能。Cimatron 的 CAD 部分支持复杂曲线和复杂曲面造型设计，在中小型模具制造业中有较大的市场。在确定工序所用的刀具后，其 NC 模块能够检查出应在何处保留材料不加工，对零件上符合一定几何或技术规则的区域进行加工。通过保存技术样板，可以指示系统如何进行切削，可以重新应用于其他加工零件，即所谓基于知识的加工。该软件能够对含有实体和曲面的混合模型进行加工。它还具有 IGES、DXF、STA、CADL 等多种图形文件接口。

9）SolidWorks 系统

SolidWorks 软件是由美国 SolidWorks 公司推出的基于 PC 平台的参数化特征造型软件。该软件具有运行环境大众化的实体造型实用功能，并集成了结构分析、数控加工、运动分析、注塑模分析、逆向工程、动态模拟装配、产品数据管理等各种专用功能。SolidWorks 还拥有许多可以用于 CAM 加工的插件。

10）DELCAM 公司的 PowerMILL 等系列软件

DELCAM 公司是英国专业化三维 CAD/CAM 系统，其系统最适用于复杂形体的产品、零件、模具的设计和制造。主要软件有 PowerSHAPE、PowerMILL、CopyCAD、ArtCAM、PowerINSPECT 等。PowerSHAPE 是一套复杂形体的造型系统，采用全新的 Windows 用户界面，智能化光标新技术，操作简单，易于掌握。它具有实体和曲面的混合建模技术，发挥了实体与曲面两种系统的优势。PowerMILL 是一个独立的加工软件包，它是功能强大，加工策略最丰富的数控加工编程软件系统。它可以帮助用户设计出最佳的加工方案，它可由输入的模型快速产生无过切的刀具路径。这些模型可以是由其他软件输出的曲面，如 IGES 文件、STL 文件或是直接从 PowerSHAPE 输入的曲面文件。PowerMILL 的用户界面十分友好，菜单结构非常合理，它提供了从粗加工到精加工的全部选项。PowerMILL 还提供刀具路径动态模拟和加工仿真，可直观检查和查看刀具路径。CopyCAD 是一个采用最新数学模型和软件技术研制开发的逆向工程软件系统，主要用于根据现有产品和主模型的测量数据，创建复杂曲面的计算机模型。ArtCAM 是根据二维艺术设计建立三维浮雕，并进行数控加工的软件。PowerINSPECT 用于复杂形体的实时在线检测，并自动产生检测结果报告，包括复杂形体关键位置精度、误差等重要参数。使用户可以控制所加工产品的误差范围，进行严格的质量控制。

11）CAXA 制造工程师

CAXA 制造工程师是由我国北京北航海尔软件有限公司研制开发的全中文、面向数控铣床和加工中心的三维 CAD/CAM 软件。它基于 PC 平台，采用原创 Windows 菜单和交互方式，全中文界面，便于轻松地学习和操作。它全面支持图标菜单、工具条、快捷键。

用户还可以自由创建符合自己习惯的操作环境。它既有线框造型、曲面造型和实体造型的设计功能,又具有生成二至五轴的加工代码的数控加工功能,可用于加工具有复杂三维曲面的零件。其特点是易学易用、价格较低,已在国内众多企业和研究院所得到应用。CAXA 制造工程师软件具有丰富的数据接口,不但能与 CAXA 电子图板、CAXA 实体设计等系列软件兼容,还能与 UGⅡ、Pro/Engineer、SolidWork 等世界著名的 CAD/CAM 软件进行数据资源交换,从而实现资源共享。

总体来说,CAD/CAM 系统的工作性能,既取决于硬件系统的好坏,又受到软件性能的制约。一个良好的 CAD/CAM 软件系统,将有助于更快地编程和处理更复杂的加工作业,有助于提高加工质量和生产效率。因此,选择 CAD/CAM 软件时,应以满足生产需要为前提,除价格因素外,还应考虑软件对操作系统及硬件的要求、操作使用的方便性、软件的集成化程度、CAD/CAM 功能、后置处理的功能、升级方法和技术支援等因素。

四、CAXA 制造工程师的用户界面

用户界面(简称界面)是交互式绘图软件与用户进行信息交流的媒介。系统通过界面反映当前信息状态与命令执行结果,用户根据界面所提供的信息做出判断,并经由输入设备进行下一步的操作。

CAXA 制造工程师的用户界面,和其他 Windows 风格的软件一样,各种应用功能通过菜单和工具条驱动;状态栏指导用户进行操作并提示当前状态和所处位置;特征树记录了历史操作和特征间的相互关系;绘图区显示各种功能操作的结果;同时,功能区和特征树为用户提供了数据交互的功能。

CAXA 制造工程师2013 的操作界面如图4-3 所示。标题栏显示着当前正在操作的文件的名称及路径;主菜单位于标题栏的下方,包括文件、编辑、显示、造型、加工、工具、设置和帮助菜单,每个菜单都含有若干个命令;立即菜单中包含了实施不同命令所需的使用条件,根据当前的作图要求,正确地选择某一选项,即可得到准确的响应;工具栏以简单直观的图标按钮来表示每个操作功能,单击图标按钮就可以启动相对应的命令,相当于从菜单区逐级选择到最后的命令;CAXA 制造工程师从 2004 版开始在保留原有的特征树的基础上又新增了轨迹树。特征树记录了实体生成的操作步骤,用户可以直接在特征树中选择不同的选项对实体进行编辑。轨迹树记录了加工参数等信息。特征树和轨迹树的展开可通过鼠标单击"零件特征"和"加工管理"两个标签来实现。

五、CAXA 制造工程师的工具栏介绍

在 CAXA 制造工程师2013 中,所有的零件造型命令与零件加工命令都可以通过工具栏中的命令按钮进行操作。在工具栏中,可以通过鼠标左键单击相应的按钮进行操作。CAXA 制造工程师2013 界面上的工具条包括:标准工具、显示工具、状态工具、曲线工具、几何变换、线面编辑、曲面工具和特征工具。在这里,主要介绍常用的造型工具栏。

1. 曲线工具、线面编辑和几何变换

曲线工具、线面编辑和几何变换,这三个工具栏中的命令主要用于零件的线框造型,线框造型实际就是先绘制曲线,再对曲线进行编辑和修改以及进行空间几何变换,从而完成加工造型。

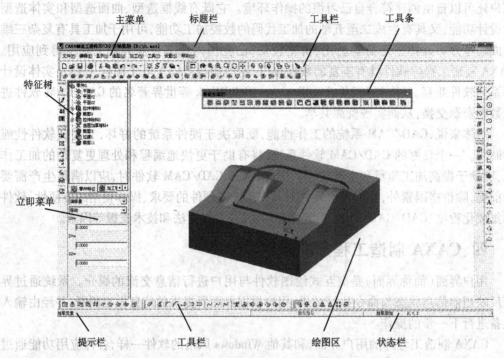

图 4-3　CAXA 制造工程师 2013 操作界面

1）曲线生成工具

曲线生成工具栏如图 4-4 所示，工具栏中的命令按钮从左至右依次为：直线、圆弧、整圆、矩形、椭圆、样条线、点、公式曲线、正多边形、二次曲线、等距线、曲线投影、相关线、样条转圆弧、文字、尺寸标注、尺寸编辑、尺寸驱动、检查草图环是否封闭。

图 4-4　曲线生成工具栏

2）线面编辑

线面编辑工具栏如图 4-5 所示，工具栏中的命令按钮从左至右依次为：删除、曲线裁剪、曲线过渡、曲线打断、曲线组合、曲线拉伸、曲线优化、编辑型值点、编辑控制顶点、编辑端点切矢、曲面裁剪、曲面过渡、曲面拼接、曲面缝合、曲面延伸、曲面优化、曲面重拟合。

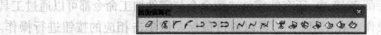

图 4-5　线面编辑工具栏

3）几何变换

几何变换工具栏如图 4-6 所示，工具栏中的命令按钮从左至右依次为：平移、平面旋转、旋转、平面镜像、镜像、阵列、缩放。

2. 曲面生成工具

曲面生成工具栏中的命令主要用于零件的曲面造型。CAXA 制造工程师提供了丰富的曲面造型手段，构造完决定曲面形状的关键线框后，就可以在线框基础上，选用各种曲面的生成和编辑方法，在线框上构造所需定义的曲面来描述零件的外表面。曲面形状的关键线框主要取决于曲面特征线。曲面特征线是指曲面的边界线和曲面的截面线（也称剖面线，为曲面与各种平面的交线）。

根据曲面特征线的不同组合方式，可以组织不同的曲面生成方式。曲面生成方式有直纹面、旋转面、扫描面、边界面、放样面、网格面、导动面、等距面、平面和实体表面十种。

图 4-6　几何变换工具栏

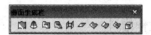

图 4-7　曲面生成工具栏

曲面生成工具栏如图 4-7 所示，工具栏中的命令按钮从左至右依次为：直纹面、旋转面、扫描面、导动面、等距面、平面、边界面、放样面、网格面、实体表面。

3. 特征生成工具

特征生成工具栏中的命令主要用于零件的实体造型。实体造型又称特征造型，是零件设计模块的重要组成部分。CAXA 制造工程师采用精确的特征实体造型技术，使设计过程直观、简单、准确。

通常的特征包括孔、槽、型腔、点、凸台、圆柱体、块、锥体、球体、管子等，CAXA 制造工程师可以方便地建立和管理这些特征信息。

实体造型一般先要在一个平面上绘制二维图形（绘制草图），然后再运用各种特征生成命令来生成三维实体。

特征生成工具栏如图 4-8 所示，工具栏中的命令按钮从左至右依次为：拉伸增料、旋转增料、放样增料、导动增料、曲面加厚增料、拉伸除料、旋转除料、放样除料、导动除料、曲面加厚除料、曲面裁剪除料、过渡、倒角、筋板、抽壳、拔模、打孔、线性阵列、环形阵列、构造基准面、缩放、型腔、分模、实体布尔运算。

图 4-8　特征生成工具栏

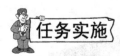任务实施

1. 确定绘制草图的基准面

用鼠标点取右边特征树中的"平面 XY"。屏幕绘图区中显示一个虚线框，表明该平面被拾取到。

2. 进入绘制草图状态

用鼠标点击屏幕上方图标菜单条中的"绘制草图"图标，进入绘制草图状态。（注意：实体造型必须在草图空间下造型）

3.选择"矩形"生成命令

单击"矩形"按钮,选择"中心__长__宽"方式,输入长度100,宽度18,输入矩形中心点(0,0,0),或者移动鼠标以坐标原点定位矩形的中心,如图4-9和图4-10所示。

图4-9　矩形参数

图4-10　矩形生成结果

4.拉伸增料

选择"拉伸增料"命令,把其中的深度值修改为"18",按"确定"按钮就生成了手锤头基本体了,如图4-11所示。

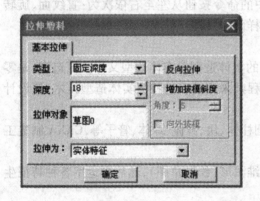

图4-11　拉伸增料

5.构建拉伸除料草图空间

鼠标左键单击"矩形实体"的前面,再单击鼠标右键,从弹出的快捷菜单中选择"创建草图",如图4-12所示。

6.绘制除料轮廓

(1)选择"相关线"命令,选择"实体边界"选项,点击相应的轮廓线,在所创造的草图空间中"投影"出所需要的三条线段,结果如图4-13所示。

图4-12　创建草图

图4-13　绘制除料轮廓步骤1

(2)选择"等距线"命令,将距离修改为"36",选择最右边的黄线,选择等距方向向左,再将距离值修改为"3",选择最下面的黄线,选择等距方向为向上,得到两条线段,如图 4-14 所示。

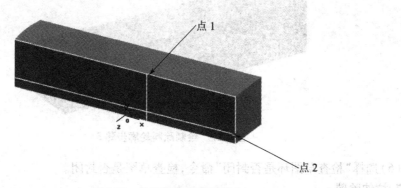

图 4-14　绘制除料轮廓步骤 2

(3)选择"整圆"命令,选择"圆心__半径"选项,按"Space"键,选择相应的"缺省点",选择上图所示的点 1,按"Enter"键,输入半径"4",再按"Enter"键,画出一个圆,如图 4-15 所示。

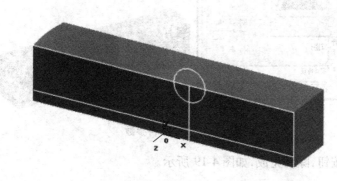

图 4-15　绘制除料轮廓步骤 3

(4)选择"直线"命令,选择"两点线"选项,选择第一点为图 4-14 所示的点 2,在选择第二点前,先按"Space"键,选择切点,再选择圆弧(注意,点击圆弧的不同位置,将会得到不同的切线),这样就绘出一条切线,如图 4-16 所示。

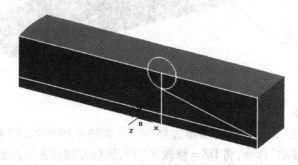

图 4-16　绘制除料轮廓步骤 4

(5)选择"曲线裁剪"命令,将多余的线条裁剪,选择"删除"命令,将多余的线条删掉,得到图 4-17 所示结果。

图 4-17　绘制除料轮廓步骤 5

（6）选择"检查草图环是否封闭"命令，检查草图是否封闭。

7. 拉伸除料

选择"拉伸除料"命令，选择类型为"贯穿"，如图 4-18 所示。

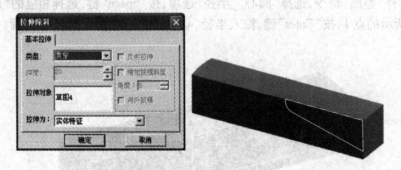

图 4-18　拉伸除料参数

点击"确定"按钮，除料完成，如图 4-19 所示。

图 4-19　拉伸除料结果

8. 生成旋转曲面

（1）选择"相关线"命令，选择"实体边界"选项，如图 4-19 所示，线 1 与线 2 位置生成两条直线，再选择"移动"命令，将 DZ＝修改为"9"，鼠标左键点击生成的线 1，而后点鼠标右键确认。再将所生成的线 2 向右作等距线，等距距离为 50，如图 4-20 所示。

（2）选择"移动"命令，参数如图 4－21 所示，将图 4-20 所生成的两条线段，平移到手锤头在 Y 方向的中心。

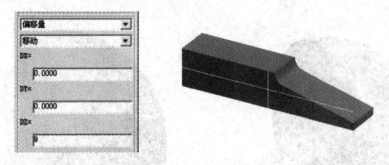

图 4-20 生成旋转曲面步骤 1

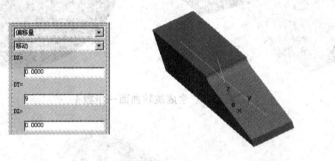

图 4-21 生成旋转曲面步骤 2

（3）选择"整圆"命令，选择"圆心__半径"选项，按"Space"键，选择相应的"交点"，分别选择两条直线，从而捕捉到两条直线的交点，以此交点作为圆心，再按"Enter"键，输入圆弧半径为 49.9，从而作出一个圆；再将较短的直线延长至与圆相交，将多余的线段使用"曲线裁剪"命令裁剪，从而得到图 4-22 所示结果。

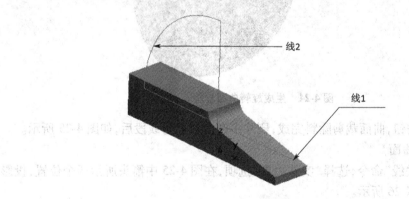

图 4-22 生成旋转曲面步骤 3

（4）选择"旋转面"命令，根据提示，首先选择"旋转轴"为图 4-22 所示的线 1，接着选择方向为朝着斜面的方向，再拾取母线为图 4-22 所示的线 2，这样就生成了旋转曲面，如图 4-23 所示。

9. 曲面裁剪除料

选择"曲面裁剪除料"命令，鼠标左键点击"裁剪曲面"下面的对话框，"曲面为准备好"将变成蓝色，然后鼠标左键单击黄色曲面，"曲面为准备好"将变成"1 张曲面"，点击"除料方向选择"确保除料方向箭头指向外面。如图 4-24 所示。

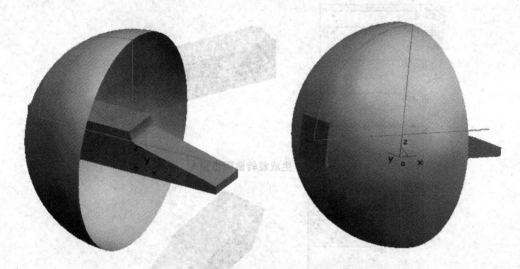

图 4-23　生成旋转曲面—步骤 4

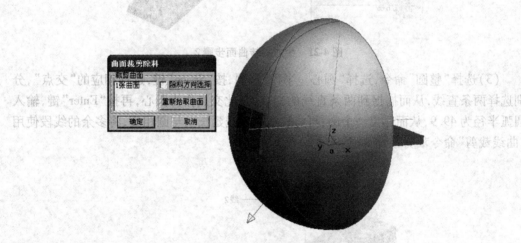

图 4-24　生成旋转曲面步骤 5

点击"确定"按钮,曲面裁剪除料完成,删除多余的曲面与线段后,如图 4-25 所示。

10. 生成直纹曲面

(1)使用"相关线"命令,选择"实体边界"选项,在图 4-25 中箭头所示两个位置,投影出两条线段,如图 4-26 所示。

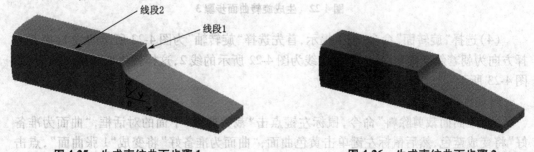

图 4-25　生成直纹曲面步骤 1　　　　　　　　　　**图 4-26　生成直纹曲面步骤 2**

（2）使用"旋转"命令，将线段1，旋转270°，拾取线段2为旋转轴，如图4-27所示。

图4-27 生成直纹曲面步骤3

（3）使用"移动"命令，将图4-25中线段2分别向 Y 方向与 Z 方向各平移3，如图4-28所示。

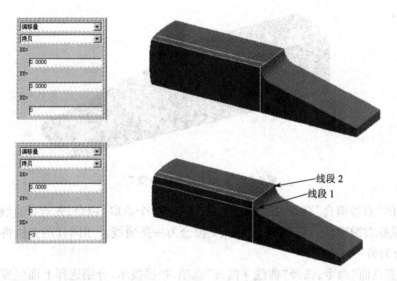

图4-28 生成直纹曲面步骤4

（4）使用"移动"命令，将图4-28中的线段1与线段2分别向左边移动，移动距离为31，如图4-29所示。

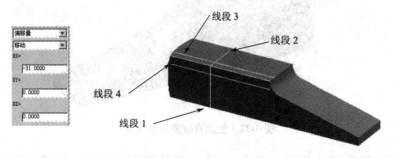

图4-29 生成直纹曲面步骤5

（5）使用"曲线过渡"命令，绘制圆弧，半径3，结果如图4-30所示。

将多余的线段删除，使用"曲线拉伸"命令，并将线段3与线段4向左延长，结果如图4-31所示。

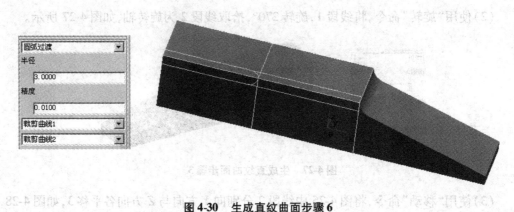

图4-30　生成直纹曲面步骤6

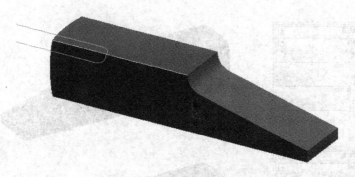

图4-31　生成直纹曲面步骤7

（6）使用"曲线拟合"命令，按"Space"键，选择"单个拾取"命令，先选择直线1与圆弧
1后，点击鼠标右键确认，将直线1与圆弧1拟合为一条曲线。用同样的方法将直线2与
圆弧2拟合为另一条曲线。

选择"直纹面"命令，选择"曲线＋曲线"选项，根据提示，分别选择上面生成的两条曲
线，就生成了直纹曲面，结果如图4-32所示。

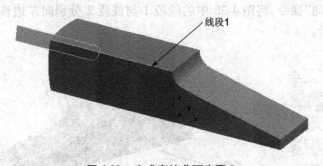

图4-32　生成直纹曲面步骤8

（7）使用"移动"命令将图4-32中的线段1移动到矩形的中心，如图4-33所示。

11. 曲面阵列

选择"阵列"命令，阵列参数如图4-34所示，按"F9"键将绘图平面切换到"YZ平面"，
拾取元素为红色曲面，阵列中心点为图4-34中黄色直线的左边端点。

图 4-33　生成直纹曲面步骤 9

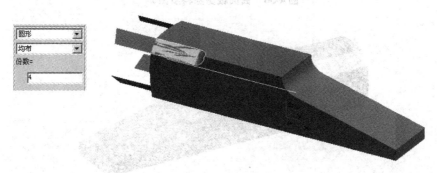

图 4-34　曲面阵列

12. 曲面裁剪除料

选择"曲面裁剪除料"命令,鼠标左键点击"裁剪曲面"下面的对话框,"曲面未准备好"将变成蓝色,然后鼠标左键单击红色曲面,"曲面未准备好"将变成"1 张曲面",点击"除料方向选择"确保除料方向箭头指向外面,如图 4-35 所示。

图 4-35　曲面裁剪除料步骤 1

点击"确定"按钮,曲面裁剪除料完成,如图 4-36 所示。

使用同样的方法,将其余的三个角进行曲面裁剪除料,并将多余的线条与面,删除掉,结果如图 4-37 所示。

13. 拉伸手锤头把

(1)将视角旋转到手锤头的底部,在底面上创建草图,并使用"相关线"投影出两条线段,如图 4-38 所示。

(2)利用"等距线"命令,将图 4-38 中的线段 1 与线段 2 分别作等距线,等距距离分别为 59.5 与 9。

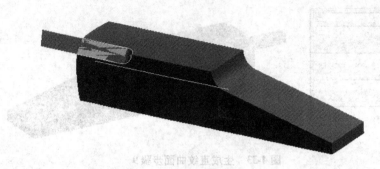

图 4-36　曲面裁剪除料步骤 2

图 4-37　曲面裁剪除料结果

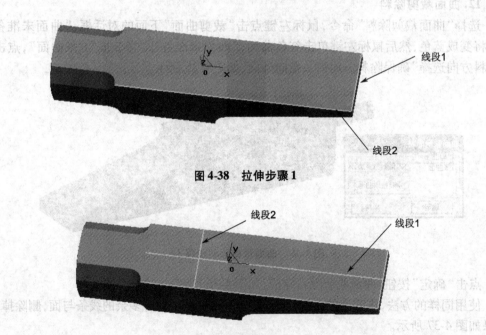

图 4-38　拉伸步骤 1

图 4-39　拉伸—步骤 2

（3）利用"整圆"命令，选择"圆心＿半径"选项，以图 4-39 中线段 1 与线段 2 的交点为圆心，半径为 5。绘出圆弧后，利用"拉伸增料"命令，将整圆拉伸 100。结果如图 4-40所示。

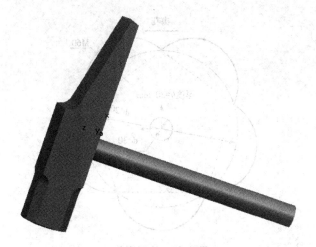

图 4-40 三维造型结果

拓展训练

用 CAXA 制造工程师 2013 软件完成图 4-41 的三维图形设计。

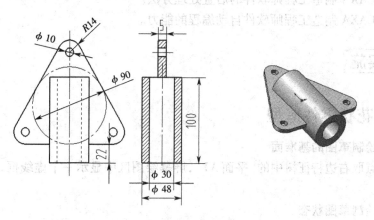

图 4-41 拓展训练练习题

任务二 CAXA 制造工程师二维刀轨加工

任务描述

用 CAXA 制造工程师软件,完成图 4-42 所示零件的建模及加工,并生成 FANUC 数控系统加工程序。

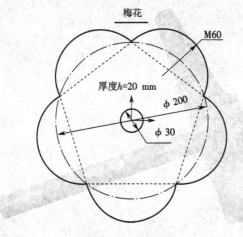

梅花

M60

厚度h=20 mm

φ200

φ30

图 4-42　练习零件

技能目标

- 学会 CAXA 制造工程师软件的后置处理方法。
- 掌握 CAXA 制造工程师软件自动编程的能力。

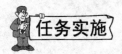
任务实施

一、梅花状零件造型

1. 确定绘制草图的基准面

用鼠标点取右边特征树中的"平面 XY",屏幕绘图区中显示一个虚线框,表明该平面被拾取到。

2. 进入绘制草图状态

用鼠标点击屏幕上方图标菜单条中的"绘制草图"图标,进入绘制草图状态(注意:实体造型必须在草图空间下造型)。

3. 选择"正多边形"命令

选择"正多边形"命令,在绘制菜单中选择"中心"(表示以中心定位)以及"内接"(表示以内接圆的方式定义正多边形的尺寸),在边数文本框中输入"5",如图 4-43 所示。

以坐标原点为中心,边起点坐标为"(100,0)"绘制正五边形如图 4-44 所示。

4. 绘制 R60 圆弧

选择"圆弧"命令,再选择"两点半径"绘制方式,以五边形任意一个边的一个端点为起点,另一个端点为终点,半径为 60,绘制结果如图 4-45 所示。

选择"阵列"命令,阵列参数如图 4-46 所示。

阵列对象为 R60 圆弧,阵列中心为坐标原点,阵列完成后,结果如图 4-47 所示。

将正五边形的五个边删除掉,结果如图 4-48 所示。

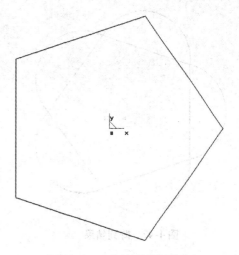

图 4-43　"正多边形绘制"对话框

图 4-44　正多边形绘制结果

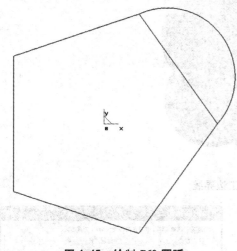

图 4-45　绘制 R60 圆弧

图 4-46　"阵列"对话框

5. 拉伸增料

选择"拉伸增料"命令,类型为固定深度,深度为 20,拉伸结果如图 4-49 所示。

二、梅花状零件加工

1. 用"相关线"命令投影出"加工边界线"

选择"相关线"命令,然后再选择"实体边界"选项,选择梅花的五条棱边,投影出加工边界线(绿色线),如图 4-49 所示。

2. 用"平面轮廓精加工"方式生成加工轨迹

由于梅花的加工属于二维外形轮廓的铣削加工,而"平面轮廓精加工"方式属于二维加工方式,主要用于加工封闭的和不封闭的轮廓,故这里选用"平面轮廓精加工"方式。

(1)从加工菜单中选择"精加工"中的"平面轮廓精加工",会出现"平面轮廓精加工"对话框,在该对话框中填写加工参数,加工参数如图 4-50、4-51、4-52、4-53、4-54 所示。

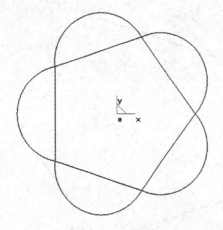

图 4-47　阵列结果

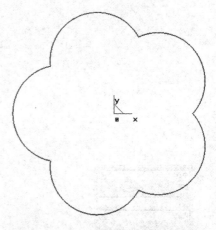

图 4-48　删除正五边形五个边的结果

图 4-49　投影加工边界线

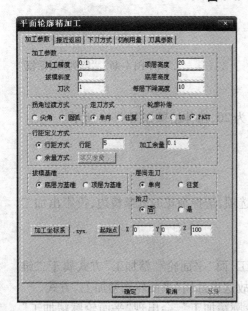

图 4-50　加工参数 1

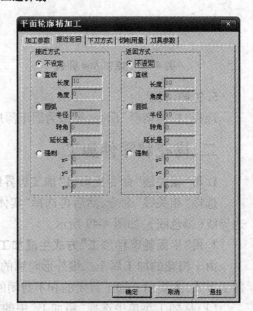

图 4-51　加工参数 2

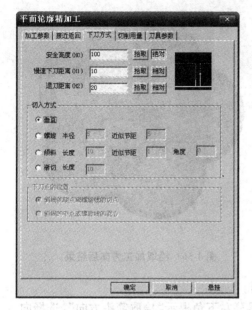

图 4-52 加工参数 3

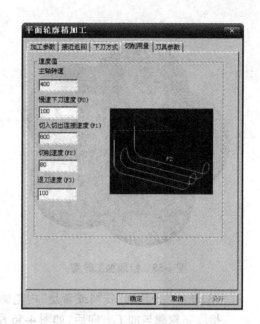

图 4-53 加工参数 4

加工参数的说明如下。

①顶层高度:被加工工件的最高高度,切削完成后,下降一个"每层下降高度"。

②底层高度:加工的最后一层所在的高度。

③每层下降高度:每层之间的间隔高度。

④刀次:生成的刀位的行数。

⑤轮廓余量:给轮廓留出的预留量。

⑥轮廓补偿:ON 表示刀心线与轮廓重合;TO 表示刀心线未到轮廓一个刀具半径的距离;PAST 表示刀心线超过轮廓一个刀具半径的距离。

⑦刀具参数:用于加工的刀具的类型以及相应的几何尺寸。本例中应选用"直柄棒铣刀",故刀角半径应为 0。

(2)拾取轮廓和加工方向。

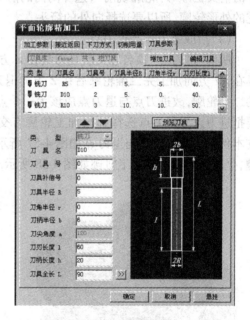

图 4-54 加工参数 5

加工轮廓即是绿色线条所围成的封闭区域,用鼠标左键点击绿色的线条,如图 4-55 所示。出现一个双向的箭头,选择不同的方向代表刀具的不同铣削方向,选择顺时针方向也即铣削方式为"逆铣",选择逆时针方向也即铣削方式为"顺铣"。这里选择顺时针方向(用鼠标左键点击顺时针方向箭头)。选择完铣削方向,点击鼠标右键,代表轮廓和加工方向的拾取已经完成,如图 4-56 所示。

图 4-55　拾取加工轮廓

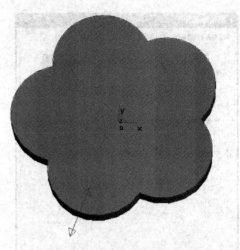

图 4-56　拾取加工方向后结果

（3）选择"外轮廓"铣削或者是"内轮廓"铣削。

拾取完轮廓与加工方向后，如图 4-56 所示，屏幕左下角提示"拾取箭头方向"，选择向外的箭头也即"外轮廓铣削"，选择向内的箭头也即"内轮廓铣削"。在这里因为要铣削梅花的外形轮廓，所以要选择向外的箭头。

（4）拾取进刀点与退刀点。

所谓"进刀点"顾名思义就是刀具在 Z 方向开始进刀切削的位置，而"退刀点"就是刀具在 XY 方向加工完二维轮廓后在 Z 方向退刀的位置。在本例中因为铣削的是一个封闭的二维轮廓，故进刀点与退刀点应该为一个点，但是在选择进刀点与退刀点时应注意，不要把进刀点与退刀点选择到与加工轮廓有交集的位置，因为这样一来会破坏加工轮廓。在本例中选择进刀点与退刀点如图 4-57 所示。选择进刀点与退刀点完成后点击鼠标右键，生成平面轮廓精加工轨迹如图 4-58 所示。

图 4-57　选择进刀点与退刀点

图 4-58　平面轮廓精加工轨迹

3. 生成 G 代码

在生成 G 代码前要进行机床的后置设置，也即进行相应的设置，使最终生成的 G 代码与机床所能识别的 G 代码相符合、G 代码格式与机床 G 代码格式相符合。

用鼠标左键选择"加工"菜单→"后置处理"→"生成 G 代码"，出现"选择后置文件"对话框，在对话框的"保存在"下拉列表框中选择 G 代码文件保存路径，在对话框的"文件名"的文本框中输入文件的名称。在这里可以选择 G 代码文件保存在桌面上，文件名为 m．EIA ，如图 4-59 所示。

输入完 G 代码保存路径后，用鼠标左键点击"保存"按钮后，屏幕的左下角提示"拾取刀具轨迹"，在这里既可以直接用鼠标左键点击绿色的刀具轨迹线，也可以按键盘上的"Space"键，然后选择"W 拾取所有"选项，如图 4-60 所示。

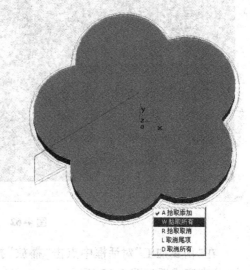

图 4-59 选择文件保存路径　　　　　　**图 4-60 拾取刀具轨迹**

选择完成后点击鼠标右键，选项代表刀具轨迹的拾取完成，这时会弹出 G 代码文件，如图 4-61 所示。

图 4-61 生成 G 代码

4. 轨迹仿真

用鼠标左键选择"加工"菜单→"轨迹仿真"，在屏幕的左下角提示"拾取刀具轨迹"，拾取刀具轨迹的方法如同前述有两种方法。拾取完成后点击鼠标右键，这时出现"CAXA轨迹仿真"窗口，点击"轨迹仿真"按钮，如图4-62所示。

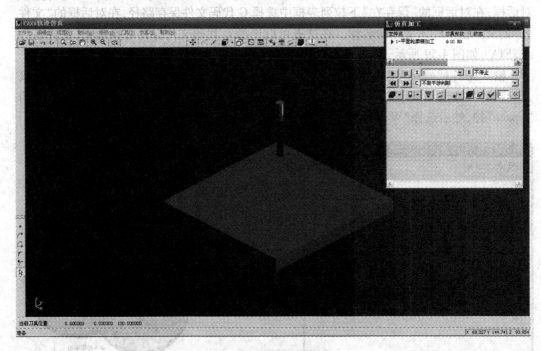

图4-62　轨迹仿真窗口

在"仿真加工"对话框中点击"播放"按钮，计算机按照生成的刀具路径进行加工仿真，仿真完成后如图4-63所示。

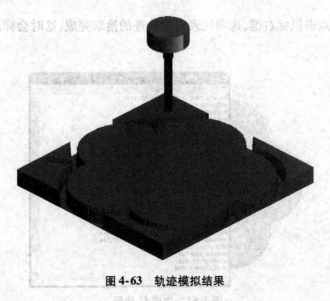

图4-63　轨迹模拟结果

任务三　CAXA 制造工程师三维刀轨加工

任务描述

用 CAXA 制造工程师软件,完成如图 4-64 所示零件的建模及加工,并生成 FANUC 数控系统加工程序。

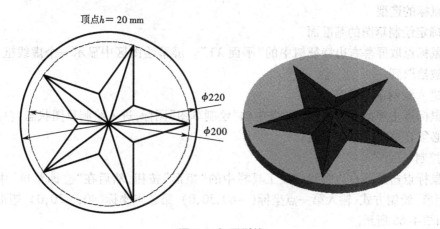

顶点 h = 20 mm

φ220

φ200

图 4-64 拓展训练

鼠标的造型和尺寸如图 4-65 所示,鼠标的外形轮廓较为简单,但它的四周及上表面均为曲面。用平面轮廓和参数线方式对曲面进行加工。

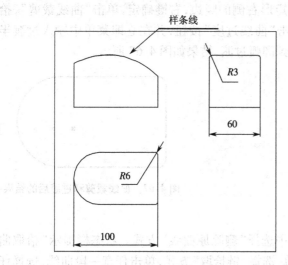

样条线

R3

60

R6

100

拔模斜度2度

样条型值点 (X, Y, Z)
(−60, 0, 15)
(−40, 0, 25)
(0, 0, 30)
(20, 0, 25)
(40, 0, 15)

图 4-65　CAM 三维加工零件

技能目标

- 学会 CAXA 制造工程师软件的后置处理方法。
- 掌握 CAXA 制造工程师软件自动编程的能力。

知识准备

1. 鼠标的造型

1）确定绘制草图的基准面

用鼠标点取屏幕右边特征树中的"平面 *XY*"。屏幕绘图区中显示一个虚线框,表明该平面被拾取到。

2）进入绘制草图状态

用鼠标点击屏幕上方图标菜单条中的"绘制草图"图标,进入绘制草图状态(注意:实体造型必须在草图空间下造型)。

3）控制"矩形"

用鼠标点击屏幕右边曲线生成工具栏中的"矩形"按钮,然后在"立即菜单"中选择"两点矩形"绘制方式,输入第一点坐标(-60,30,0),第二点坐标(40,-30,0),矩形绘制完成,如图 4-66 所示。

4）绘制圆弧

用鼠标左键点击屏幕右边"曲线生成工具栏"中的"圆弧"按钮,然后在"立即菜单"中选择"三点圆弧"绘制方式,按"Space"键,选择"切点"方式,作一圆弧,与长方形右侧三条边相切。然后单击"删除"按钮,拾取矩形右侧的竖边,右键确定,单击"曲线裁剪",拾取圆弧外的直线段,然后进行裁剪。单击"曲线过度"按钮,并在立即菜单中输入过渡半径为"6",拾取上下两条边和左侧边,得到圆弧过渡,结果如图 4-67 所示。

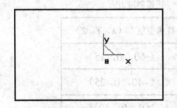

图 4-66　绘制矩形

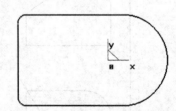

图 4-67　曲线裁剪和过渡后的结果

5）曲线组合

单击"曲线组合"按钮,在立即菜单中选择"删除原曲线"方式。状态栏提示"拾取曲线",按下"Space"键,弹出拾取快捷菜单,选择"链拾取"方式,单击任意一段曲线,选择任一方向的箭头,如图 4-68 所示。右击后将六条曲线组合成一条样条线,按"F8"键,将图形变为轴测图。

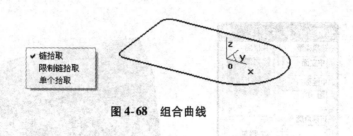

图 4-68 组合曲线

6)拉伸增料

单击"拉伸增料"按钮,弹出拉伸增料对话框(图 4-69)。把其中的深度值修改为"40",点击"确定"按钮,就生成了鼠标基本体(图 4-70)。

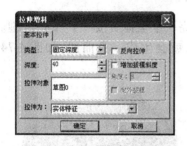

图 4-69 "拉伸增料"对话框

图 4-70 鼠标基本体

7)执行特征"拔模"命令

按"shift+方向键"或者用鼠标左键单击"旋转"按钮,然后移动鼠标让实体旋转显示,直到可以看到实体底面。

单击"拔模"按钮,弹出"拔模"对话框(图 4-69)。把其中拔模角度的数值改为"2",用鼠标点取"中性面"项下面的输入框,然后在绘图区点取底面。"中性面"项下的输入框中出现一个提示,如图 4-71 所示。

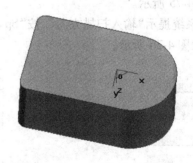

图 4-71 选择中立面

然后用鼠标点取"拔模面"项下的输入框,并在绘图区内点取侧面,此时出现拔模方向箭头,选择对话框中勾选"向里",如图 4-72 所示。

输入完上述参数并选择完相应的中性面与拔模面后,点击"确定"按钮,就生成了 2 度的拔模斜度如图 4-73 所示。

8)生成样条曲线

单击"样条"按钮。根据提示依次输入下面的坐标点:(-60,0,15);(-40,0,25);

图 4-72　选择拔模面和拔模方向

（0,0,30）；（20,0,25）；（40,0,15）。注意,在这里每输入完一个坐标后按一下"Enter"键。将所有的坐标都输入完成后,单击鼠标右键进行确认,就会生成一条曲线,如图 4-74所示。

图 4-73　拔模结果　　　　　　　　　　　　图 4-74　样条生成

9）生成裁剪曲面

鼠标左键单击"扫描面"按钮,把立即菜单中的起始距离改为"－40";扫描距离改为"80",如图 4-75 所示。

此时,系统提示"输入扫描方向",按"Space"键弹出方向工具菜单,选择其中的"Y 轴正方向",如图 4-76 所示。

图 4-75　扫描参数　　　　　　　　　　　图 4-76　选择扫描方向

系统会接着提示"拾取曲线",这时拾取前面生成的样条曲线,就生成了一张曲面,如图 4-77 所示。

10）用曲面裁剪实体

鼠标左键单击"曲面裁剪除料"按钮，弹出如图 4-78 所示的对话框。然后用鼠标点取"裁剪曲面"项下的输入框，并在绘图区内点取上一步所生成的扫描面，曲面上会显示出一个向下的箭头（箭头方向代表裁剪方向），用鼠标勾选"除料方向选择"，把将箭头切换成向上。

点击"确定"按钮，完成裁剪工作。把曲面和曲线删除，结果如图 4-79 所示。

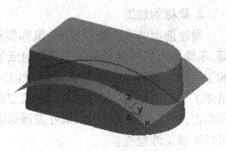

图 4-77　生成扫描面

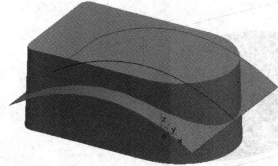

图 4-78　曲面裁剪

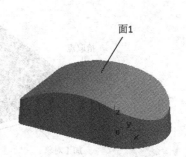

图 4-79　曲面裁剪结果

11）顶部边界过渡

鼠标左键单击"过渡"按钮，弹出如图 4-80 所示的对话框。将对话框中的半径改为"3"，并拾取图 4-79 中的面 1。点击"确定"键，完成过渡。最后完成鼠标模型如图 4-81 所示。

图 4-80　"过渡"对话框

图 4-81　鼠标模型

2. 鼠标的加工

通过前面的鼠标造型可知,鼠标模型主要由三部分构成,外围是带有锥度的轮廓曲面,顶部是由扫描面和圆弧过渡面组成的。鼠标的加工方法比较多,可以使用"等高线粗加工→等高线精加工";"等高线粗加工→三维偏置精加工";"平面轮廓精加工→参数线精加工"等多种方式进行加工。在这里准备采用平面轮廓精(带拔模斜度)加工来处理外围曲面,采用参数线精加工来处理顶部曲面,由于顶部曲面没有限制面,所以参数线加工可以不做干涉检查。

1)定义毛坯

用鼠标左键单击"矩形"按钮,然后在立即菜单中选择"两点矩形"绘制方式,输入第一点坐标(-65,35,0),第二点坐标(45,-35,0),绘制矩形线框。

用鼠标左键单击"直线"按钮,然后在立即菜单中选择"两点线"绘制方式,输入第一点坐标(-65,35,35),第二点坐标(45,35,35),两点绘制一条直线。矩形与直线绘制完成后如图4-82所示。

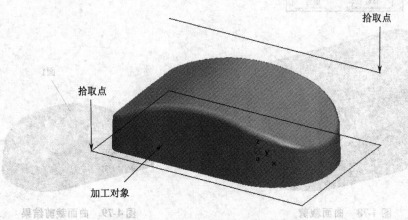

图4-82 绘制毛坯轮廓

用鼠标左键单击"特征树"中的"加工管理"标签(图4-83),将"特征树"窗口切换到"轨迹树"窗口(图4-84),然后用鼠标左键双击"毛坯"图标,系统将会弹出"定义毛坯"对话框,如图4-85所示。在"定义毛坯"对话框中,用鼠标左键单击"拾取两点"按钮,并拾取图4-82中两箭头所指的两点,拾取完成后,系统会回到"定义毛坯"对话框中,然后鼠标单击"确定"按钮,即可生成一个毛坯模型(图4-86),作为加工对象。

2)用"相关线"命令投影出"加工轮廓"

用鼠标左键单击"相关线"按钮,然后在立即菜单中选择"实体边界"绘制方式,用鼠标左键选择模型底面的棱边,投影出加工轮廓线,如图4-87所示。

3)用"平面轮廓精加工"方式生成外围曲面的加工轨迹

(1)从"加工"菜单中选择"精加工"中的"平面轮廓精加工",会出现"平面轮廓精加工"对话框,在该对话框中填写加工参数,加工参数如图4-88所示。

图 4-83 "特征树"窗口

图 4-84 "轨迹树"窗口

图 4-85 "定义毛坯"对话框

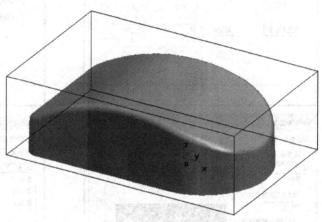

图 4-86 创建零件毛坯

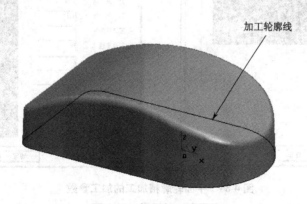

图 4-87 投影加工边界线

加工参数的说明如下。

①加工精度:输入模型的加工精度。计算模型的轨迹的误差需小于此值。加工精度的数值越大,模型形状的误差也增大,模型表面越粗糙。加工精度的数值越小,模型形状的误差也减小,模型表面越光滑,但是,轨迹段的数目增多,轨迹数据量变大。

②拔模斜度:输入所需拔模的角度是加工完成后轮廓所具有的倾斜度。

③刀次:生成的刀位的行数。

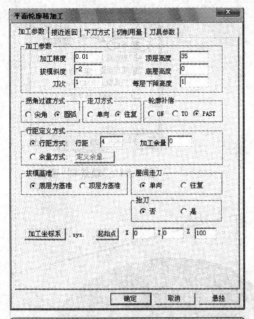

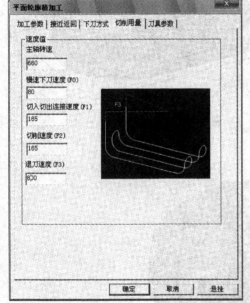

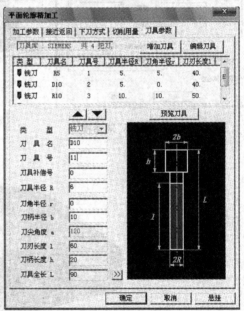

图4-88　平面轮廓精加工的加工参数

④顶层高度:加工的第一层所在高度。

⑤底层高度:加工的最后一层所在高度。

⑥每层下降高度:两层之间的间隔高度。

⑦安全高度:刀具快速移动而不会与毛坯或模型发生干涉的高度。

⑧慢速下刀距离:在切入或切削开始前的一段刀位轨迹的位置长度,这段轨迹以慢速下刀速度垂直向下进给。

⑨退刀距离:在切出或切削结束后的一段刀位轨迹的位置长度,这段轨迹以退刀速度

垂直向上进给。

⑩主轴转速:设定主轴转速的大小,单位 rpm(转/分)。

⑪慢速下刀速度(F0):设定慢速下刀轨迹段的进给速度的大小,单位 mm/min。

⑫切入切出连接速度(F1):设定切入轨迹段,切出轨迹段,连接轨迹段,接近轨迹段,返回轨迹段的进给速度的大小,单位 mm/min。

⑬切削速度(F2):设定切削轨迹段的进给速度的大小,单位 mm/min。

⑭退刀速度(F3):设定退刀轨迹段的进给速度的大小,单位 mm/min。

⑮刀具参数:设定用于加工的刀具的类型以及相应的几何尺寸。由于鼠标模型的底面为平面,故在本例中应选用"平底立铣刀",平底立铣刀主要用于二维轮廓的外形铣削和平面的铣削。

(2)拾取轮廓和加工方向。

加工轮廓即是前面所投影出的"加工轮廓线",用鼠标左键单击"加工轮廓线",如图4-89所示,出现一个双向的箭头,选择不同的方向代表刀具的不同铣削方向。这里选择逆时针方向(用鼠标左键单击逆时针方向箭头)。

(3)选择外轮廓铣削或内轮廓铣削。

拾取完轮廓和加工方向后,系统会接着提示"拾取箭头方向",并在轮廓线上显示一个双向箭头,如图4-90所示。如果选择指向轮廓内部的箭头,则表示轮廓铣削方式为内轮廓铣削;如果选择指向轮廓外部的箭头,则表示轮廓铣削方式为外轮廓铣削。在这里因为要铣削鼠标的外形轮廓,所以要选择向外的箭头。

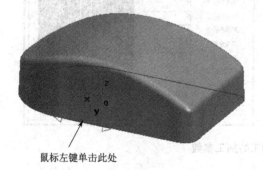

鼠标左键单击此处

图4-89 拾取轮廓和加工方向

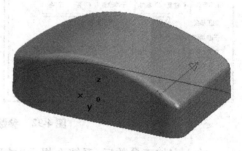

图4-90 选择内、外轮廓铣削方式

(4)拾取进刀点和退刀点。

执行完步骤3后,系统会提示"拾取进刀点",在这里即可以用鼠标左键在绘图区中点击某一个点作为进刀点,也可以按下键盘上的"Enter"键,输入坐标(10,50,0),将上述坐标点作为进刀点。

将进刀点拾取完成后,系统会接着提示"拾取退刀点",接着按下键盘上的"Enter"键,输入坐标(10,50,0),将上述坐标点作为退刀点。将进刀点与退刀点设置为同一点。

进刀点与退刀点拾取完成后,系统就自动的生成"平面轮廓精加工"的刀具轨迹线,如图4-91所示。

4)用"参数线精加工"方式生成顶部曲面的加工轨迹

在轨迹树中,用鼠标右键单击"平面轮廓精加工"图标,在弹出的快捷菜单中选择"隐

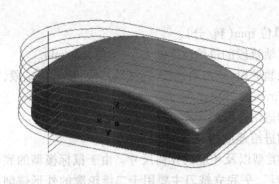

图 4-91　平面轮廓精加工轨迹

藏"，将平面轮廓加工轨迹线隐藏。

（1）从"加工"菜单中选择"精加工"中的"参数线精加工"，会出现"参数线精加工"对话框，在对话框中填写加工参数，加工参数如图 4-92 所示，这里的切削用量参数请读者自行计算，下刀方式参数同上一加工步骤，本例中所使用的刀具应为"球头铣刀"，球头铣刀主要用于三维曲面的加工。

（2）拾取加工对象。

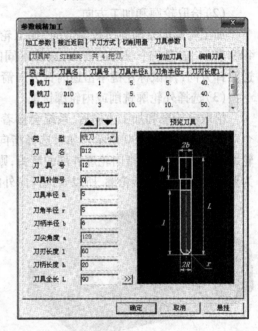

图 4-92　参数线精加工的加工参数

输入完加工参数后，系统会提示"拾取加工对象"，在这里，用鼠标左键单击模型上表面的扫描曲面，如图 4-93 所示，然后单击鼠标右键，表示拾取完毕，进行确认。

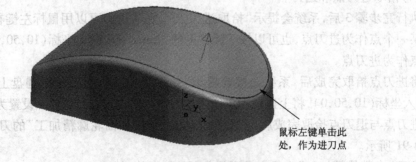

鼠标左键单击此处，作为进刀点

图 4-93　拾取加工对象和进刀点

（3）拾取进刀点。

在图 4-93 中，箭头所指的位置用鼠标左键单击，选择该点为进刀点。

（4）切换加工方向。

加工方向如图 4-94 所示，表示最终生成的刀具轨迹的铣削方向与箭头的方向一致，在这里直接单击鼠标右键，跳过该步，表示接受该铣削方向。如果要改变铣削方向，可以单击鼠标左键，然后再单击鼠标右键。

（5）改变曲面方向。

曲面方向如图 4-95 所示，表示曲面的外表面铣削，如果将箭头的方向改变为向下（直接在选定曲面上用鼠标左键单击），则表示曲面的内表面铣削。在这里要铣削曲面的外表面，所以就不需要改变箭头方向了，直接单击鼠标右键，跳过该步即可。

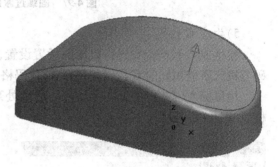

图 4-94　拾取铣削方向　　　　　　　　图 4-95　曲面加工方向

（6）拾取干涉曲面。

在本例中，由于没有干涉曲面，直接单击鼠标右键，跳过该步，同时生成参数线精加工的刀具轨迹线，如图 4-96 所示。

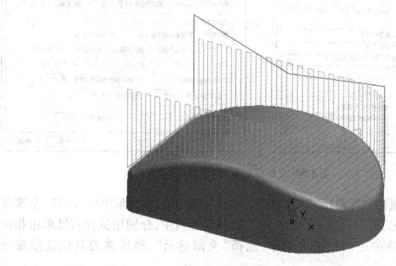

图 4-96　顶面参数线精加工轨迹线

按照上述步骤，生成圆弧过渡面的参数线精加工的刀具轨迹线，如图 4-97 所示。

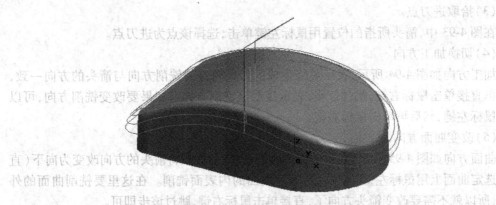

图 4-97　圆弧过渡面的刀具轨迹线

5)生成 G 代码

在生成 G 代码前要进行机床的后置设置,也即进行相应的设置,使最终生成的 G 代码与机床所能识别的 G 代码相符合、G 代码格式与机床 G 代码格式相符合。

用鼠标左键选择"加工"菜单→"后置处理"→"后置设置",出现"机床后置"对话框,如图 4-98 所示。

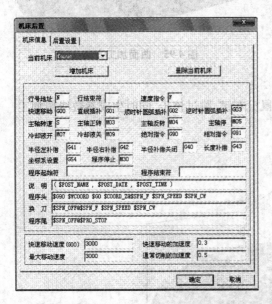
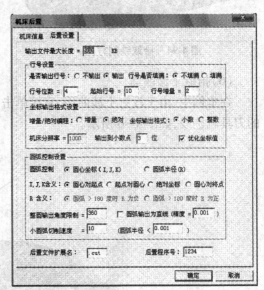

图 4-98　"机床后置"对话框

在轨迹树中,用鼠标右键单击"刀具轨迹"图标,在弹出的快捷菜单中,选择"全部显示",将所生成的三条刀具轨迹线都显示出来。或在轨迹树中,分别用鼠标右键单击相应的刀具轨迹图标,再在弹出的快捷菜单中,选择"全部显示",将所选刀具轨迹线显示出来。

用鼠标左键选择"加工"菜单→"后置处理"→"生成 G 代码",出现"选择后置文件"对话框,在对话框的"保存在"下拉列表框中选择 G 代码文件保存路径,在对话框的"文件名"的文本框中输入文件的名称。在这里选择 G 代码文件保存在 C 盘上,文件名为 m .

cut,如图 4-99 所示。

图 4-99　选择文件保存路径

　　输入完 G 代码保存路径后,用鼠标左键点击"保存"按钮后,屏幕的左下角提示"拾取刀具轨迹",在这里既可以直接用鼠标左键点击绿色的刀具轨迹线,也可以按键盘上的"Space"键,然后选择"W 拾取所有",如图 4-100 所示。选择完成后点击鼠标的右键,代表刀具轨迹的拾取完成,这时会弹出 G 代码文件,如图 4-101 所示。

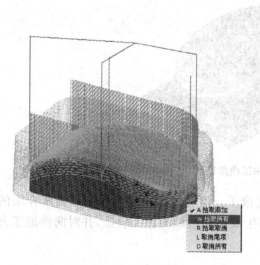

图 4-100　拾取刀具轨迹

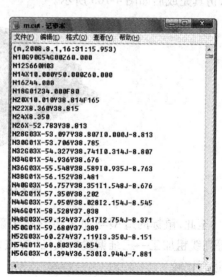

图 4-101　生成 G 代码

6)轨迹仿真

　　用鼠标左键选择"加工"菜单→"轨迹仿真",在屏幕的左下角提示"拾取刀具轨迹",拾取刀具轨迹的方法如同前述有两种方法。拾取完成后点击鼠标右键,这时出现"CAXA 轨迹仿真"窗口。点击"仿真加工"按钮,如图 4-102 所示。

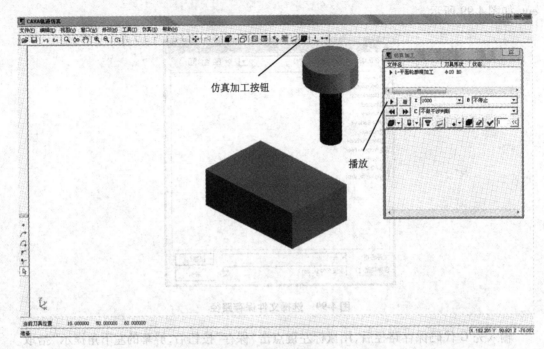

仿真加工按钮

播放

图4-102　轨迹仿真窗口

在"仿真加工"对话框中点击"播放"按钮,计算机按照生成的刀具路径进行加工仿真,仿真完成后如图4-103所示。

图4-103　加工模拟结果

至此,鼠标的造型与加工步骤就全部完成了。读者还可以尝试用在后面所介绍的"等高线粗加工→三维偏置精加工"方法,来生成鼠标造型的加工轨迹,并对两种加工方法进行比较。

任务实施

1. 五角星的造型

1)绘制正多边形

选择"正多边形"按钮,在立即菜单中选择"中心"(表示以中心定位),以及"内接"

（表示以内接圆的方式定义正多边形的尺寸）绘图方式，在"边数"文本框中输入"5"，如图 4-104 所示。

以坐标原点为中心，边起点坐标为"（100，0）"绘制正五边形如图 4-105 所示。

4-104　"正多边形绘制"对话框

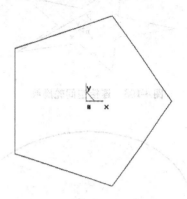

图 4-105　正多边形绘制结果

2）绘制五角星的平面轮廓线

用"直线"命令，依次连接五边形的五个端点，如图 4-106 所示，然后用"曲线剪切"与"删除"命令对图 4-106 进行编辑，最终得到如图 4-107 所示。

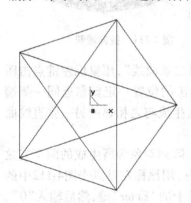

图 4-106　依次连接五边形的五个端点

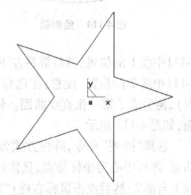

图 4-107　五边形平面轮廓

3）绘制五角星的空间轮廓线

在图 4-107 的基础上，按键盘上的"F8"键，切换视角为空间视角，然后选择"直线"命令，第一个端点为平面五角星的任何一个端点，在输入第二个端点的时候，先按下键盘上的"Enter"键，然后输入坐标（0，0，20），绘得直线如图 4-108 所示。依次类推，将平面五角星的其他端点都连接到中心顶点（0，0，20）处，如图 4-109 所示。

4）绘制五角星的底面毛坯

选择 XY 平面创建草图，然后选择"整圆"命令，以坐标原点为圆心，半径为 110，绘制整圆，如图 4-110 所示，然后选择"拉伸增料"命令，深度为 15，拉伸方向为"反向拉伸"拉伸后结果如图 4-111 所示。

5）使用曲面造型生成五角星的空间曲面

选择"直纹面"命令，屏幕左下角提示"拾取第一条曲线"，这时用鼠标左键点击图

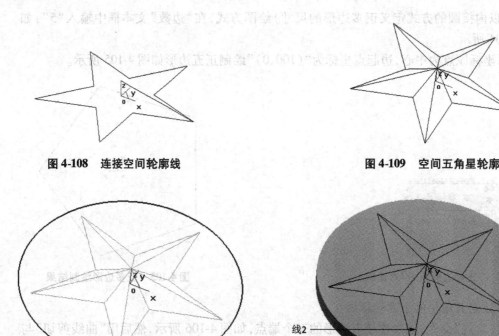

图 4-108 连接空间轮廓线   图 4-109 空间五角星轮廓

图 4-110 绘制圆

线2
线1

图 4-111 拉伸增料

4-111中线 1 的位置,然后屏幕左下角会接着提示"拾取第二条曲线",用鼠标左键点击图
4-111中线 2 的位置(注意:在选择线 1 与线 2 时,鼠标点击的位置一定要靠近同一侧端
点),便生成了第一张直纹曲面。依次类推,用同样的方法生成与之相邻的另一张直纹曲
面,如图 4-112 所示。

选择"阵列"命令,阵列方式为"圆形均布",份数为 5,阵列对象为所生成的两个直纹
曲面,阵列中心为坐标原点,具体操作为:在"拾取元素"时,用鼠标左键点击图4-112中的
面 1 与面 2,然后点击鼠标右键;"输入中心点"时,按键盘上的"Enter"键,然后输入"0",
按"Enter"键,生成阵列结果如图 4-113 所示。至此,五角星的造型全部完成。

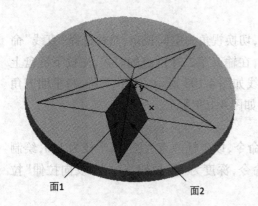

面1   面2

图 4-112 生成直纹曲面

图 4-113 阵列结果

2. 五角星的加工

由于五角星的加工属于三维曲面轮廓的铣削加工,而"三维偏置精加工"与"等高线加工"主要用于三维曲面加工,故这里选用"等高线加工"进行粗加工,用"三维偏置精加工"进行精加工。

1)定义毛坯

用鼠标左键单击"特征树"窗口下的"加工管理"标签(图 4-83),将"特征树"窗口切换到"轨迹树"窗口(图 4-84),然后用鼠标左键双击"毛坯"图标,系统将会弹出"定义毛坯"对话框,如图 4-85 所示。在"定义毛坯"对话框中,用鼠标左键单击"参照模型"选项,然后用鼠标左键单击"参照模型"按钮,系统会根据模型大小,自动的生成毛坯数据,然后点击"确定"按钮,即可生成一个毛坯模型(图 4-114),作为加工对象。

2)用"相关线"命令投影出"加工边界线"

选择"相关线"命令,然后在立即菜单中选择"实体边界"绘制方式,用鼠标左键选择 ϕ220 圆柱棱边,投影出加工边界线,如图 4-115 所示。

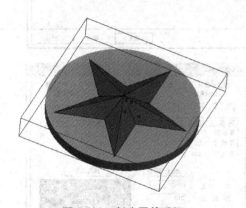

图 4-114 创建零件毛坯

加工边界

图 4-115 投影加工边界线

3)用"等高线粗加工"方式生成加工轨迹

(1)从"加工"菜单中选择"粗加工"中的"等高线加工",会出现"等高线粗加工"对话框,在对话框中填写加工参数,需要填写的加工参数如图 4-116 所示。

加工参数的说明如下。

①层高:Z 向每加工层的切削深度。

②行距:XY 方向的相邻扫描行的距离。

③环切:生成环切粗加工轨迹。

粗加工所使用刀具为能够进行 Z 向切削的平底铣刀。

(2)拾取加工对象。

拾取加工对象有两种方法,既可以用鼠标左键依次单击所要加工的对象,也可以在按键盘上的"Space"键后,选择"W 拾取所有"选项。在这里采用第二种方法,如图 4-117 所示。然后点击鼠标右键,表示拾取完加工对象。

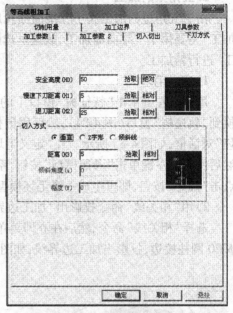

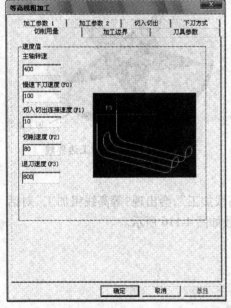

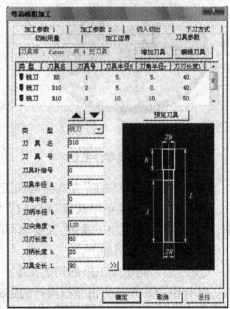

图 4-116　等高线粗加工的加工参数

（3）拾取加工边界。

加工边界即前面所投影出的绿色线条,用鼠标左键点击绿色的线条,如图 4-118 所示。出现一个双向的箭头,选择不同的方向代表刀具的不同铣削方向。这里选择逆时针方向(用鼠标左键点击逆时针方向箭头)。选择完铣削方向,点击鼠标右键,代表加工边界的拾取已经完成,同时生成等高线粗加工刀具轨迹线,如图 4-119 所示。这时所生成的是粗加工轨迹,所加工出的表面轮廓是非常粗糙的。加工仿真后的结果如图 4-120 所示。

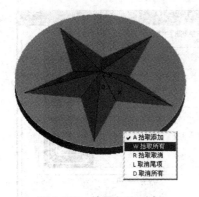

图 4-117 拾取加工对象

图 4-118 拾取加工边界

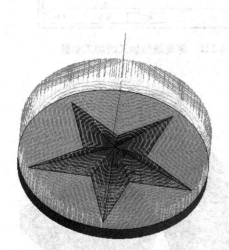

图 4-119 生成等高线加工轨迹

图 4-120 等高线加工仿真结果

4)用"三维偏置精加工"方式生成加工轨迹

（1）从"加工"菜单中选择"精加工"中的"三维偏置精加工"，会出现"三维偏置精加工"对话框，在对话框中填写加工参数，加工参数如图 4-121 所示。这里的切削用量参数请读者自行计算，下刀方式参数同上一加工步骤，本例中所使用的刀具应为"球头铣刀"，球头铣刀主要用于三维曲面的加工。

（2）拾取加工对象。

拾取加工对象的方法同"等高线粗加工"步骤一样。按键盘上的"Space"键后，选择"W 拾取所有"。然后点击鼠标右键，表示拾取完加工对象。

（3）拾取加工边界。

拾取加工边界的方法同"等高线粗加工"步骤一样。这里不再赘述。

加工边界拾取完成后，单击鼠标右键，表示加工边界已经拾取完成，系统会自动的生成"三维偏置精加工"刀具轨迹线，如图 4-122 所示。"三维偏置精加工"所加工出的表面轮廓的粗糙程度与加工参数中的行距的大小有关，即行距越小加工表面越光洁，但是程序容量越大，加工时间越长；而行距大的话，表面会比较粗糙，但程序短小，加工时间短。故"行距"是"三维偏置精加工"中影响加工质量的重要参数，在实际应用时要特别加以注意。

先进行等高线粗加工然后进行"三维偏置精加工"，加工仿真后的结果如图4-123所示。

5）生成G代码

生成G代码的操作步骤与前面"鼠标的造型与加工"中所讲到的方法基本上是一致的，即先将原来隐藏的加工轨迹都显示出来，然后用鼠标左键选择"加工"菜单 →"后置处理" →"生成G代码"，出现"选择后置文件"对话框，在对话框中输入文件的保存

图4-121 等高线精加工的加工参数

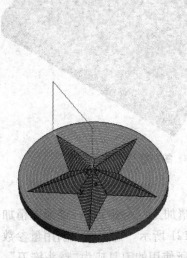

图4-122 生成三维偏置精加工轨迹

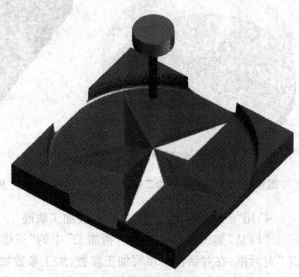

图4-123 粗精加工仿真结果

路径及文件的名称，然后单击"保存"按钮。系统提示拾取刀具轨迹，可以按下键盘上的"Space"键，然后选择"W 拾取所有"选项，拾取所有的刀具轨迹，绘图区中被拾取的刀具轨迹的颜色会变成红色的虚线。然后单击鼠标右键，结束刀具轨迹的拾取，系统即自动生成数控加工程序。